Peut-on sacrifier l'idée de réalité ?

Pour Comprendre

Collection dirigée par Bruno Péquignot

L'objectif de cette collection *Pour Comprendre* est de présenter en un nombre restreint de pages (176 à 192 pages) une question contemporaine qui relève des différents domaines de la vie sociale.

L'idée étant de donner une synthèse du sujet tout en offrant au lecteur les moyens d'aller plus loin, notamment par une bibliographie sélectionnée.

Cette collection est dirigée par un comité éditorial composé de professeurs d'université de différentes disciplines. Ils ont pour tâche de choisir les thèmes qui feront l'objet de ces publications et de solliciter les spécialistes susceptibles, dans un langage simple et clair, de faire des synthèses.

Dernières parutions

Constant SOKO, *Analyse quantitative des données bi-variées en sciences sociales. Les mesures de la liaison entre deux phénomènes sociaux : Techniques, protocoles, interprétations et graphiques*, 2020

Xavier BOLOT, *Le corps vivant. Une approche scientifique de l'intelligence, de l'émotion et de la conscience*, 2020

Claude FAGNEN, *Les origines du calendrier*, 2020

Dominique BARRAS, *Pourquoi la médiation ? Des réponses à vos interrogations*, 2020.

Hervé ROLLAND, *Des cultures et des entreprises. Une étude France-Québec,* 2020.

Giscard Kevin DESSINGA, *Comment se pose le problème métaphysique aujourd'hui ?, Des origines à la crise postmoderne de la pensée,* 2020.

Fabien MOUSTARD & Florent LEDUC, *Nos liens au monde, Penser la complexité,* 2020.

Nicole PERUISSET-FACHE, *Sacrifices humains, Une histoire de la prédation sociale, Essai anthropologique*, 2019.

Barthélemy KABWANA MINANI, *Entrer en philosophie antique*, 2019.

Jean Perdijon

Peut-on sacrifier l'idée de réalité ?

La visite du physicien qui refusait l'intrication

L'Harmattan

Du même auteur

Relation d'incertitudes, Presses universitaires de Grenoble, 1991.

La Mesure, Flammarion, 1998 ; Dunod, 2004 ; Vuibert, 2012 ; *Pour faire bonne mesure*, EDP Sciences, 2020.

De l'Univers, Ellipses, 2000.

Les Grandes idées de la physique, Dunod, 2002.

Einstein, la relativité et les quanta, L'Harmattan, 2005.

La Formation des idées en physique, Dunod, 2007.

Histoire de la physique, Dunod, 2008.

La Solitude du cosmologiste, L'Harmattan, 2008.

La Nature a-t-elle des principes ?, Vuibert, 2010.

L'Horizon ou le refus de l'infini, Vuibert, 2011.

Le Quantique : un paradoxe de la relativité ?, DésIris, 2014.

La Matière noire : substance exotique ou effet relativiste ?, DésIris, 2015.

Les Physiciens sont-ils des intellectuels ?, L'Harmattan, 2016.

Hélène ou le rêve impatient, L'Harmattan, 2017.

La Conspiration de la nature et l'honneur du physicien, Presses polytechniques et universitaires romandes, 2018.

5-7, rue de l'Ecole-Polytechnique, 75005 Paris

http://www.editions-harmattan.fr

ISBN : 978-2-343-21697-3
EAN : 9782343216973

AVANT-PROPOS

> Le système est construit non seulement pour la science normale, *mais pour assurer que la science normale est ce que l'on fera.*
>
> Lee Smolin (*Rien ne va plus en physique !*)

Il s'agit ici de l'interprétation de la mécanique quantique et du mystère de l'intrication. Faut-il remettre en question les notions classiques de *réalité*, de *causalité*, de *localité* et bazarder la *relativité* ? Se rend-on compte de l'énormité du sacrifice exigé ? Ne faudrait-il pas considérer au contraire le quantique comme un paradoxe de la relativité ?

Main basse sur la physique ! Selon un lanceur d'alerte : « Les problèmes se multiplient. Plus que jamais la théorie semble avoir besoin de soutiens, de telle sorte que des crédits sont maintenant octroyés aux orthodoxes, et refusés aux rebelles. Les programmes scolaires sont réajustés et les chances pour qu'on prenne en considération d'autres théories s'estompent de plus en plus[1]. » Pour mieux comprendre le bouleversement conceptuel introduit par la théorie quantique, il a semblé intéressant de revenir à une époque où toutes les idées étaient déjà agitées, mais où le discours orthodoxe n'avait pas encore eu le temps d'occuper toute la place. La période des années 30, incertaine entre toutes, a été aussi cruciale pour l'avenir de la physique que pour la paix du monde.

Nous avons mis en scène deux des créateurs de cette mécanique. Le *récit* qui suit est celui de la rencontre de ces deux amis physiciens, un soir d'été, peu avant la seconde guerre mondiale. Il y est donc question de physique, mais de beaucoup d'autres choses encore, comme il est normal quand deux amis se retrouvent. Le récit est bien entendu totalement imaginaire. Certains reconnaîtront, tout au moins en partie, les personnages de Born et d'Einstein ; nous espérons que ces connaisseurs prendront plaisir à découvrir, au hasard des réponses du visiteur à son hôte, quelques citations (imprimées en italique) du fondateur de la relativité. Mais, par l'emploi d'un langage simple et d'une forme dramatique, nous avons surtout voulu faciliter un plus large accès aux principales idées de la physique moderne, en donnant à chacun l'occasion de s'interroger sur celles qu'il se fait de la réalité, de la causalité et de la localité.

Les *notes*, qui ne sont pas indispensables à la compréhension du récit, apportent quelques explications de nature historique ou scientifique ; on les trouvera en fin d'ouvrage, avec les *références* des citations. Certains termes techniques sont brièvement définis dans le *glossaire*. Une *bibliographie* et un *index* sont enfin proposés.

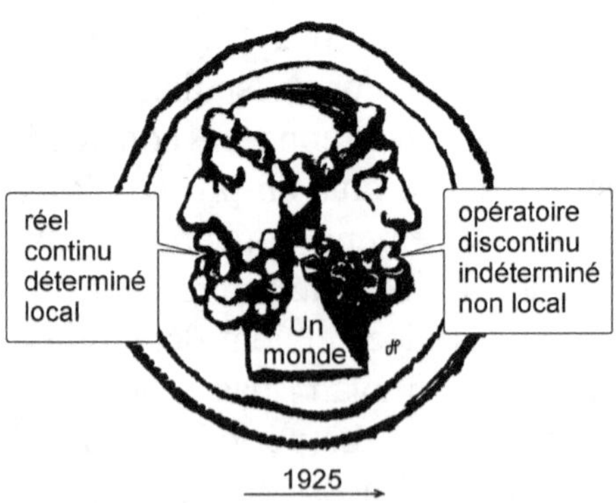

Le monde selon Janus (d'après une pièce romaine)

UN MONDE INTELLIGIBLE

C'est surtout ce qu'on ne comprend pas qu'on explique. L'esprit humain se venge de ses ignorances par ses erreurs.

Jules Barbey d'Aurevilly (*L'Ensorcelée*)

L'ARRIVÉE

J'étais allé attendre le grand homme sur le quai de la gare de Remano. C'était en juin 1935 et j'avais dû fuir l'Allemagne pour trouver asile durant quelques semaines dans ce village de Toscane, en attendant d'obtenir le visa qui me permettrait de rester pendant toute la guerre en Angleterre. Ma femme et mes deux enfants ne devaient me rejoindre ici que le dimanche suivant et j'avais reçu la veille ce télégramme : « Arriverai de Zurich mardi prochain par le train de 16 heures 05. Repartirai le lendemain pour New York, via Paris. »

Prix Nobel à 34 ans pour la découverte de l'effet Room quantique, mais surtout connu pour ses travaux sur la relativité, il était venu enseigner la physique théorique à l'université de Berlin où, encore jeune professeur, je donnais des cours de physique générale. Malgré les quelques années qui nous séparaient, nous sommes rapidement devenus amis. Mais, mieux que moi, il avait compris la montée des périls et, dès 1933[2], il avait quitté l'Allemagne pour ne plus jamais y revenir. Je savais qu'il devait rendre visite à un ami qui lui était très cher, en Suisse, et j'avais télégraphié à cet ami pour qu'il lui transmette mon adresse ici.

À l'heure annoncée, le train se rangea le long du quai et une grande silhouette, un peu courbée, descendit de voiture. Il y avait toujours sur son visage ce mélange d'innocence et d'assurance qui pouvait aussi bien séduire qu'offusquer. Les cheveux ébouriffés, la moustache grisonnante, une mallette dans une main, un étui à violon dans l'autre, il avait quelque chose d'un virtuose en tournée. Il me jeta :

— Il faut voyager pour rester jeune.

— Encore un coup des jumeaux[3] !

Vieille plaisanterie qui datait de nos années à Berlin… Je lui pris sa mallette et nous montâmes dans un autocar fatigué, qui nous conduisit au chalet que j'avais loué à quelques kilomètres de là, au bord d'un lac.

Perplexité einsteinienne

LE DISCOURS

Après qu'il se fut installé dans une chambre que je destinais par la suite à mes enfants, je lui proposai de faire un tour en barque sur le lac. C'était un grand amateur de voile, mais il accepta néanmoins ce modeste projet de navigation. Je donnai quelques instructions à la femme de ménage, afin qu'elle nous préparât un dîner léger, et nous descendîmes vers le rivage.

Pour démarrer, je pris les rames et lui posai la question suivante :

— On dit que les hommes se rapprochent par ce qu'ils savent et se séparent par ce qu'ils croient. En cette période particulièrement troublée, quelles sont à votre avis les quelques certitudes qui pourraient encore rapprocher les hommes ?

— Vous avez raison de souligner que, pour ne pas sombrer dans le désespoir et ne pas céder à l'absurde de notre situation dans le monde actuel, il serait urgent de rassembler quelques vérités qui aideraient à survivre et auxquelles on pourrait se raccrocher un moment. Il est encore plus important aujourd'hui qu'hier de se demander ce qu'on sait, ce dont on est sûr, ce qu'on ne peut nier, ce qu'on ne saurait rejeter.

— Mais comment être sûr ? Existe-t-il une méthode pour établir des certitudes ?

— Tout cela suppose une pensée et des mots pour l'exprimer. Et que pouvons-nous dire de notre pensée puisque, comme Platon l'avait déjà si bien montré, y réfléchir constitue ce qu'on appelle aujourd'hui un système autoréférencé ? Alors il serait tentant d'affirmer que rien n'est sûr…

— Mais cela ferait au moins quelque chose de sûr, qui viendrait contredire notre affirmation !

— C'est pourquoi le discours philosophique tourne trop souvent à la tautologie. Comme disait Descartes : « La philosophie donne moyen de parler vraisemblablement de toutes choses et se faire admirer des moins savants[4]. »

J'étais bien d'accord sur l'impuissance du relativisme à faire progresser notre connaissance. Mais je me rendis compte combien ma question initiale était trop vaste, pour tout dire un peu « bateau » ! Après m'être débarrassé de quelques roseaux qui gênaient la progression de la barque, je recentrai la discussion sur un domaine qui nous était, à tous les deux, plus familier, sans renoncer à interroger plus tard mon illustre visiteur sur des questions plus générales.

— Prenons la physique. Des savants comme lord Kelvin pouvaient être sûrs de leur science à la fin du siècle dernier[5], mais il y a eu depuis la double secousse de la relativité et des quanta, à laquelle vous n'êtes d'ailleurs pas tout à fait étranger. Alors, peut-on avoir encore des certitudes ?

— Qu'il soit philosophique ou scientifique, un discours est toujours fait de mots. Le langage est le seul moyen que nous avons pour communiquer et aussi pour structurer notre pensée. Il ne suffit pas d'avoir vaguement conscience d'un problème pour pouvoir le résoudre. Il faut arriver à le poser correctement et, pour cela, il faut utiliser des mots, savoir les regrouper en propositions, ordonner celles-ci en un discours. Tout discours est composé de propositions. Mais certaines propositions ne sont pas significatives. Par exemple, cela n'engage à rien de dire que « la guerre sera ou ne sera pas déclarée demain » ; on est sûr de ne pas se tromper, mais on n'est pas plus renseigné !

— « Celui qui se contredit, murmurai-je, a plus de chances qu'un autre d'exprimer quelquefois du vrai, s'il en est au monde[6]. »

— Une proposition scientifique doit d'abord contenir de l'information. De plus, certaines propositions ne sont pas décidables. Se demander comme Épiménide si un Crétois dit vrai quand il déclare que « tous les Crétois sont menteurs », n'est pas une question scientifique !

— Ce paradoxe a eu au moins le mérite de conduire Gödel à montrer qu'un système formel ne pouvait jamais inclure tous les théorèmes vrais[7] ; il en est résulté un certain trouble chez les mathématiciens.

— Un axiome peut en effet être vrai et indémontrable. Ce qui fait ensuite la force du discours scientifique, c'est qu'il ne considère que des propositions qui sont à la fois informatives et décidables. Leibniz a très bien montré qu'un tel choix impose la non-contradiction entre les diverses propositions qui forment le discours ; c'est ce qu'on appelle la cohérence logique.

— On peut quand même se demander d'où viennent toutes ces propositions. On comprend bien comment une proposition particulière peut être déduite d'une proposition plus générale en appliquant les règles de la logique…

Il m'interrompit :

— Ne négligeons pas l'opération de déduction car elle nécessite un soin tout particulier. Et puis il faut veiller à ce qu'une théorie plus générale puisse être formulée de manière logiquement fermée indépendamment d'une théorie moins générale qui en constitue un cas limite.

— Par contre l'opération inverse, qui consiste à partir de propositions particulières pour induire une proposition plus générale, a toujours semblé plus mystérieuse.

— Il est vrai, dit-il, que spécialement dans notre domaine les difficultés viennent de l'opération d'induction. On cite souvent en exemple le raisonnement par récurrence. Le problème en physique est que ce qui est vrai pour le rang n ne l'est plus forcément pour le rang $n + 1$.

— La pauvre petite dinde de Russell en a fait la triste expérience[8] !

— « Tout concept, remarquait Perrin, finit par perdre son utilité, sa signification même, quand on s'écarte de plus en plus des conditions expérimentales où il a été formé[9]. »

— C'est le problème des niveaux de description.

— Il ne faut pas oublier que la proposition générale, qui a été imaginée à partir de propositions particulières, reste une hypothèse tant qu'elle n'a pas été vérifiée et cette vérification ne peut se faire que par déduction dans le cadre d'une théorie. Par malheur, comme le notait déjà Duhem : « Le physicien ne peut jamais soumettre au contrôle de l'expérience une hypothèse isolée, mais tout un ensemble d'hypothèses ; lorsque l'expérience est en désaccord avec ses prévisions, elle lui apprend que l'une au moins des hypothèses qui constituent cet ensemble est inacceptable ; mais elle ne lui désigne pas celle qui doit être changée[10]. » Le raisonnement scientifique avance par approximations successives et Freud a très bien décrit cette démarche.

Il chercha dans sa poche et en retira un calepin noir tout corné, qu'il feuilleta rapidement.

— La citation est un peu longue, mais je crois qu'elle en vaut la peine. « Nous avons souvent entendu formuler l'exigence suivante : une science doit être construite sur des concepts fondamentaux clairs et nettement définis. En réalité, aucune science, même la plus exacte, ne commence par de telles définitions. Le véritable commencement de toute activité scientifique consiste plutôt dans la description de phénomènes, qui sont ensuite rassemblés, ordonnés et insérés dans des relations. Dans la description déjà, on ne peut éviter d'appliquer au matériel certaines idées abstraites que l'on puise ici ou là et certainement pas dans la seule expérience actuelle. De telles idées – qui deviendront les concepts fondamentaux de la science – sont, dans l'élaboration ultérieure des matériaux, encore plus indispensables. Elles comportent d'abord nécessairement un certain degré d'indétermination ; il ne peut être question de cerner clairement leur contenu. Aussi longtemps qu'elles sont dans cet état, on se met d'accord sur leur signification en multipliant les références au matériel de l'expérience, auquel elles semblent être empruntées mais qui, en réalité, leur est soumis. Elles ont donc, en toute rigueur, le caractère de conventions, encore que tout dépende du fait qu'elles ne soient pas choisies arbitrairement mais déterminées par leurs importantes relations aux matériaux empiriques ; ces relations, on croit les avoir devinées avant même de pouvoir en avoir la connaissance et en fournir la preuve. Ce n'est qu'après un examen plus approfondi du domaine de phénomènes considéré que l'on peut aussi saisir plus précisément les concepts scientifiques fondamentaux qu'il requiert et les modifier progressivement pour les rendre largement utilisables ainsi que libres de toute contradiction. C'est alors qu'il peut être temps de les enfermer dans des définitions. Mais le progrès de la connaissance ne tolère pas non plus de rigidité dans les définitions. Comme l'exemple de la physique l'enseigne de manière éclatante, même les concepts fondamentaux qui ont été fixés dans des définitions voient leur contenu constamment modifié[11]. »

— Pour conserver les principes de relativité et de conservation de la masse et de l'énergie après l'acceptation de la théorie de la relativité, il a bien fallu modifier profondément leur signification…

— Et changer la définition des grandeurs qu'ils impliquent.

Je citai un épistémologue distingué qui, dans un ouvrage très remarqué l'année précédente, avait comparé les fondements d'une science aux fondations d'un immeuble : « Les pilotis sont enfoncés dans le marécage [...] et, lorsque nous cessons d'essayer de les enfoncer davantage, ce n'est pas parce que nous avons atteint un terrain ferme. Nous nous arrêtons tout simplement parce que nous sommes convaincus qu'ils sont assez solides pour supporter l'édifice, du moins provisoirement[12]. »

— *Mais,* observa-t-il, *tandis qu'un édifice peut être sérieusement endommagé par une violente tempête ou par une forte marée et garder néanmoins ses fondements intacts, il en est tout autrement en science*[13].

Il précisa sa pensée :

— Si tout était construit, tout serait gratuit et il n'y aurait aucune différence entre le vrai et le faux, si ce n'est un subtil ciment de cohérence interne qui n'empêcherait pas l'édifice de s'écrouler au moindre souffle. Mais il y a des degrés dans l'arbitraire qui préside au choix des fondements et c'est ce qui fait toute la différence entre l'acte de foi et l'acte de connaissance. Reconnaître déjà lucidement l'existence d'un fondement vaut mieux qu'en subir inconsciemment la contrainte. Discuter ensuite la question de son existence vaut mieux que l'accepter comme une donnée indiscutable. Admettre qu'il ne constitue qu'un point de départ vaut mieux que l'instituer en dogme. Et vérifier enfin sa cohérence avec les connaissances établies vaut mieux que taire tout examen critique[14].

La vérité

C'était le soir d'un beau jour.

Nous étions au milieu du lac. Je m'arrêtai de ramer. L'eau était parfaitement calme. Je sentais que, tout comme moi, mon visiteur appréciait la beauté reposante du paysage.

— Et pourtant, lui dis-je à mi-voix, en cet endroit qui semble si éloigné du fracas de notre siècle, ne pourrait-on pas croire que le bonheur existe ?

— Un sentiment n'est que l'idée qu'on se fait d'un ensemble de sensations. Il ne se raisonne pas ; on ne peut que l'admettre, non comme une croyance mais comme une donnée morale nécessaire. C'est une tentative inconsciente pour se représenter le bien et le mal, une première élaboration de ce qui est directement ressenti. Comme cette transformation n'a rien de logique, notre raison est amenée à prendre en compte à la fois les sensations, qui sont les informations directes et indiscutables que nous pouvons recueillir sur notre environnement, et les sentiments, qui leur sont liés de façon subjective et obligée. C'est ainsi que le plaisir et la souffrance sont les deux sensations extrêmes, que notre émotion peut transformer en bonheur ou en malheur, suivant notre nature ou notre état.

— Mais chacun cherche à atteindre cet état parfait où l'on est tout simplement heureux !

— Malheureusement, l'idée de perfection est subjective. Quand nous éprouvons des impressions agréables, nous sommes les seuls à pouvoir décider si l'ensemble de ces plaisirs forme oui ou non du bonheur, ce sentiment que seuls nous pouvons rendre absolu et définitif, même si les sensations qui l'ont initié sont médiocres et momentanées. Dans la réalité, la perfection n'est jamais sans défaut, la pureté n'est jamais sans mélange. l'absolu ne peut exister que dans notre esprit. Le sentiment de malheur est trop souvent lié à la quête d'un absolu réel, à la volonté que le monde extérieur soit conforme à l'idée parfaite qu'on s'en fait, et cette recherche peut même conduire à la folie : « Il y a encore une tache [...]. Va-t-en tache damnée[15] ! »

— Pour en revenir à ce que nous disions tout à l'heure, n'est-ce pas la recherche de la vérité qui a pu rendre fous certains grands esprits tels que Nietzsche ou Cantor ?

— C'est possible en effet car, pas plus que le bonheur absolu, le vrai absolu n'existe. Parler d'un critère de vérité impliquerait qu'il existât une instance extérieure permettant de juger de la vérité. Dans une telle hypothèse, la vérité ne serait assurée que si le critère adopté était lui-même vérité. Le critère de vérité doit donc être référé lui-même à une nouvelle instance, supérieure à la précédente, qui l'assure et ainsi de suite[16]. Voilà un bel exemple de régression à l'infini, que seule une vérité révélée pourrait bloquer.

— À défaut de posséder un critère absolu, lui fis-je remarquer, on peut heureusement disposer tout au moins de quelques critères d'approche. Vous avez parlé tout à l'heure de la cohérence logique, c'est-à-dire de la non-contradiction du discours ; c'en est déjà un.

— Oui, bien entendu, et il existe un deuxième critère de non-contradiction, tout aussi important que le premier mais situé cette fois au niveau de l'expérience : c'est l'absence de contre-exemple.

— Comme pour certaines conjectures sur les nombres premiers : elles résistent des milliers de fois... avant qu'un seul essai contraire les condamne irrémédiablement à l'oubli.

— Et *bien malheureux est le théoricien des sciences de la nature. L'expérience est, pour lui, un juge implacable, elle ne lui répond jamais « oui ». Quelques fois, elle lui répond « peut-être » et, le plus souvent, tombe le verdict : « non »*[17].

Pour approfondir la question et mieux connaître sa méthode, je demandai :

— Que faites-vous de ce qu'on appelle l'efficacité heuristique et la simplicité logique ?

— Ce ne sont pas vraiment des critères et je préfère parler plutôt d'indicateurs, car leur valeur n'est pas décisive. *Le but de la science est la compréhension aussi complète que possible et la mise en relation des expériences sensibles dans toute leur variété. Pour parachever ce but, il faut employer un minimum de concepts primaires et de relations*[18]. Mais, dans cette recherche de l'unité, je suis convaincu que *seule importe la simplicité logique des fondements*[19].

— Si je vous comprends, on pourrait donc dire dans ce sens que, malgré l'horrible complexité de son formalisme, la relativité générale est plus simple que la théorie de Newton. Et vous seriez sûrement prêt à abandonner la linéarité de la mécanique quantique pour une théorie non probabiliste ! Mais vous ne dites pas un mot de ce que les philosophes appellent l'intersubjectivité.

— À première vue, il peut sembler en effet très raisonnable de laisser au jugement des plus savants la décision entre le vrai et le faux. Ou bien les juges sont objectifs et intègres, ils seront d'accord pour appliquer les critères précédents et leur consensus n'apportera pas d'élément nouveau. Ou bien ils jugeront dans leur intime conviction, en fonction de leurs intérêts, et leur consensus risque d'être une cause d'erreurs.

— La vérité scientifique ne peut se décréter à la majorité, fut-elle absolue…

— Il faut pourtant reconnaître que la vérité sociale est un produit de consommation comme les autres, qui est régi par un ensemble de règles pour sa production, sa mise en circulation et son remplacement. Et il en est ainsi parce que la vérité est une source de pouvoirs et que, en tant que telle, elle doit nécessairement être contrôlée par le Pouvoir.

— Qu'on se rappelle Galilée !

— Mais *la révocation qu'on lui extorqua était au fond sans importance : ses arguments étaient de toute façon accessibles à ceux qui cherchent la vérité, et tous ceux qui le connaissaient devaient bien savoir que cette révocation officielle lui avait été extorquée. La vérité de la science est beaucoup plus forte que le savant qui la profère*[20].

— Savez-vous que son adversaire, le cardinal Bellarmin, vient d'être canonisé ?

— Sûrement pour le remercier d'avoir carbonisé Bruno[21] !

Changeant de ton et d'époque, il ajouta :

— Encore maintenant, l'establishment scientifique définit ce qu'il faut entendre par sens commun et ce consensus communautaire crée une tyrannie à laquelle se heurte toute tentative de progrès.

Bien que mon âge et mon statut ne me donnent pas la même liberté de parole, il m'arrive souvent d'être excédé par la condescendance de certains de mes collègues, qui ne tolèrent pas les francs-tireurs, et j'abondai dans son sens :

— C'est un réflexe corporatiste ! Nos amis universitaires qui vivent de la tradition et du monopole de l'enseignement, sont les premiers à bloquer toute innovation qui mettrait en péril leur autorité et leur savoir laborieusement construit.

— Voilà pourquoi les idées nouvelles ne peuvent voir le jour qu'avec la bénédiction des mandarins bien en place.

— Ou après leur disparition !

Je pris l'exemple de la théorie ondulatoire de la lumière, qui n'a pu se développer qu'après la mort de Newton[22]. Il demanda avec une fausse ingénuité :

— Faudra-t-il enterrer Bohr pour qu'on puisse enfin discuter librement de la théorie de l'onde-pilote[23] ?

Puis, en bon pédagogue, il reprit ses arguments :

— L'examen critique des fondements n'est nécessaire ni pour l'accumulation du savoir scientifique, ni dans le processus même de la découverte. Mais il est indispensable si l'on considère la science comme une somme de savoirs et de méthodes introduite dans la culture. Le risque est alors grand d'accepter cette somme sans la critiquer, en vertu des pouvoirs qu'elle confère et de ses succès pratiques[24]. Et plus les idées dominantes sont répandues et enseignées aux jeunes générations, plus elles se trouvent en quelque sorte enracinées dans le subconscient des hommes, plus il est alors difficile de faire admettre une conception nouvelle, si féconde qu'elle puisse se révéler par la suite.

À l'horizon[25], le globe de la pleine lune se levait majestueusement.

— La loi de la gravitation universelle…

— Et qu'est-ce qui arriverait si on en votait une autre ?

Le chercheur

— D'après ce que vous me dites, la principale qualité du chercheur serait la ténacité...

— S'il faut, reconnut-il, un entêtement de mule pour vérifier ses idées et les faire triompher, il faut d'abord un bon flair pour les trouver. C'est pourquoi les deux principales qualités de l'homme de science restent l'imagination et l'esprit critique. Cependant, l'imagination ne vaut rien sans une culture étendue ; à quoi bon réinventer ce que d'autres ont déjà eu tant de peine à découvrir ? Et l'esprit critique doit s'exercer avec méthode ; qu'on se rappelle par exemple les préceptes énoncés par Descartes dans son *Discours*[4].

— À peu près à la même époque, Galilée faisait dire à son porte-parole : « Soumettez-nous vos raisons et vos preuves, ou celles d'Aristote, mais ne vous appuyez pas uniquement sur des citations ou sur la seule autorité d'un savant ; car nos recherches portent sur le monde des sens et non sur un univers de papier[26] ! »

— Un temps où l'on ne jurait pas encore par Bohr, grommela-t-il...

— Tandis que Harvey devait encore s'excuser de son arrogance, quand il affirmait que « le sang va et vient par des voies indésirables, contrairement aux idées jusqu'ici depuis tant d'années répétées, attestées par quantité de gens et notamment les hommes les plus fameux[27] ».

— Aussi audacieux soit-il d'explorer l'inconnu, il l'est plus encore de remettre le connu en question. Mais *les gens sont incapables de sortir du filet des concepts admis et ne savent qu'y frétiller de façon bouffonne*[28].

Je résumai pour mon visiteur le texte d'une intervention récente de de Broglie à une conférence sur l'invention scientifique, dont voici un passage important : « Il arrive qu'en étudiant un certain domaine de connaissances scientifiques, le théoricien inventeur éprouve une sorte de malaise qui va progressivement en croissant : il a le sentiment peu à peu de plus en plus net qu'il manque dans nos interprétations un élément essentiel, qu'une idée fondamentale a été méconnue sans laquelle une véritable compréhension des faits est impossible. Les difficultés rencontrées par les théories antérieures lui apparaissent alors non plus comme des anomalies qu'une comparaison plus approfondie avec l'ensemble des conceptions reçues fera disparaître, mais au contraire comme des symptômes éclatants de l'insuffisance de ces conceptions. À son attention dès lors éveillée, s'impose une foule de petits faits épars et sans liens apparents entre lesquels il soupçonne maintenant une parenté cachée dont une théorie fondée sur des idées entièrement nouvelles devrait pouvoir rendre compte. [...] Puis, soudain, généralement avec une grande brusquerie, se produit une sorte de cristallisation : l'esprit du chercheur aperçoit en un instant, avec une grande netteté et d'une manière dès lors parfaitement consciente, les grandes lignes des conceptions nouvelles qui s'étaient formées obscurément en lui, et il acquiert d'un seul coup l'absolue certitude que la mise en œuvre de ces nouvelles conceptions va permettre de résoudre la plupart des problèmes posés et d'éclairer toute la question, en mettant bien en lumière des analogies et des harmonies ignorées jusque-là[29]. »

— On voit bien, dis-je pour conclure, que cette illumination n'est que le fruit d'un long travail de préparation et que tout repose sur la mise en question initiale. Nous qui sommes aussi des enseignants, nous devrions nous interroger sur les qualités nécessaires pour poser les bonnes questions.

— Mon âge m'inciterait à dire que c'est une affaire d'expérience, mais la jeunesse de la plupart des grands découvreurs me conduit à penser qu'il faut surtout savoir faire preuve de non-conformisme. Un bon professeur doit *éveiller le plaisir ludique de penser, ainsi que la curiosité qui pousse à découvrir des faits et à obtenir des résultats dans un domaine d'étude*[30].

— L'enseignement, rappelai-je, a un double rôle d'apprentissage et de sélection.

— Il faut bien reconnaître que, tel qu'il est généralement pratiqué, il apprend surtout à apporter des réponses toutes faites à des problèmes conventionnels. *C'est un vrai miracle que l'entreprise éducative moderne n'ait pas encore complètement étouffé la curiosité de la recherche*[31].

— Il est plus facile de sélectionner les meilleurs éléments d'après la rapidité avec laquelle la réponse des manuels est reproduite, plutôt que pour l'originalité de leurs idées.

— C'est le paradoxe de l'émulation, qui encourage la concurrence, mais ne fait bien souvent que favoriser le conformisme. Danger de la monoculture, comme pour le café au Brésil[32].

— Danger aussi de la vitesse qui l'emporte sur l'approfondissement ; voilà une autre maladie de notre civilisation moderne. À la TSF, nos oreilles sont submergées par un flot de paroles que nous ne pouvons faire répéter. Au cinématographe, nos yeux sont agressés à la cadence infernale de 24 images par seconde[33]. Et peu à peu, notre esprit devient passif, car nous n'avons plus le temps de faire fonctionner notre sens critique ou de laisser aller notre imagination…

— Comme Archimède dans son bain ou Newton dans son jardin, plaisanta-t-il.

Peintres impressionnistes

— Mais si l'élève ne se borne pas à répondre aux questions qui lui sont posées, s'il s'efforce de faire des remarques originales ou si, mieux encore, il se pose lui-même des problèmes, alors son travail ne le distingue plus de celui d'un créateur et doit être jugé comme tel.

— Bien sûr ! Du temps où j'étais encore à Berlin, je reçus un appel d'un collègue qui me demandait mon avis sur la réponse à une question d'examen, pour laquelle il était sur le point d'attribuer un zéro. La question était la suivante : « Montrez comment il est possible de déterminer la hauteur d'une tour à l'aide d'un baromètre. » L'étudiant avait répondu : « Jetez le baromètre du haut de la tour et mesurez le temps qui s'écoule entre le moment où vous voyez le baromètre se briser au sol et celui où vous entendez le bruit du choc. Il suffit alors de multiplier ce temps par la célérité du son dans l'air. » Je ne dis pas à mon collègue que sa question était mal posée ; mais je lui conseillai d'accorder à l'étudiant la totalité des points, car celui-ci avait répondu complètement et correctement[34].

LE PHÉNOMÈNE

Le soleil était maintenant couché.

Je repris les rames pour regagner la berge. Le choc simultané des deux avirons, à la surface calme de l'eau, créa deux beaux systèmes d'ondes concentriques, qui vinrent se rencontrer à l'avant et à l'arrière de la barque.

— Quel magnifique phénomène d'interférence, n'est-il pas !, s'exclama-t-il.

— Mais que faut-il au juste entendre par le mot « phénomène » ? Est-ce seulement un événement qui prend place dans l'espace-temps, indépendamment de tout observateur, ou bien est-ce quelque chose d'autre, qui n'existe qu'en relation avec un observateur ?

— Classiquement, on peut dire que le phénomène divise le monde en trois. D'abord le système physique à l'intérieur duquel les faits observés semblent confinés ; on dit alors qu'il s'agit d'un système isolé. Ensuite l'observateur, qui étudie ce système avec tous les moyens dont il dispose dans son laboratoire, mais qui est censé ne perturber en rien le système ; on dit alors que l'observateur est objectif. Enfin tout le reste du monde, que nous sommes en droit d'ignorer puisqu'il est sans effet sur le système étudié. En résumé, tout phénomène implique donc un système physique et un observateur.

— Mais, pour qu'il y ait phénomène observé, il faut en plus qu'il y ait transmission d'information entre le système et l'observateur. Un système où il ne se passe rien est sans intérêt. C'est le branchement de la pile qui prouve les propriétés magnétiques du courant.

— Ce qui montre que l'objet de l'observation n'est pas l'un quelconque des éléments du système en lui-même, mais l'interaction qui se produit entre au moins deux de ces éléments.

Même la couleur d'une feuille, qui semble si intimement liée à la nature de la feuille, n'est connue que par suite d'une interaction avec la lumière !

— Nos sens, poursuivit-il, aidés par nos instruments de laboratoire, nous permettent donc d'acquérir des informations sur des interactions à l'intérieur du système. Avant de pouvoir être digérée, cette connaissance brute est doublement traitée. D'abord, notre expérience nous permet de corriger les défauts de notre observation, ce qu'on appelle les erreurs de mesure. Et surtout nous interprétons notre observation dans le cadre d'une théorie qui préexiste dans notre esprit. L'objet de notre observation ne devient vraiment une connaissance nouvelle que lorsque l'état général de nos anciennes connaissances nous permet de l'accueillir. C'est seulement alors qu'il peut se produire deux types de rétroaction : d'une part sur le système, en modifiant les conditions d'observation, d'autre part sur la théorie, en l'adaptant à la connaissance nouvellement acquise.

Pour illustrer son propos un peu compliqué, il ressortit son calepin et dessina deux patates :

— Voici à gauche le système et à droite l'observateur.

Dans la patate de gauche, il dessina deux ronds et, entre eux, deux flèches en sens contraires.

— Les flèches représentent l'interaction entre deux constituants du système ; c'est l'objet observé.

Dans la patate de droite, il schématisa un œil et deux cerveaux. Je lui fis remarquer qu'un observateur normalement constitué avait plutôt deux yeux et un seul cerveau, mais il parla d'art moderne et de surréalisme[35]. Il continua en traçant une flèche allant de l'œil au premier cerveau, qu'il appela « calculateur », puis deux flèches partant du deuxième cerveau, qu'il appela « mémoire », pour aboutir l'une à l'œil et l'autre au premier cerveau. Enfin, il traça une flèche de l'interaction vers l'œil :

— C'est la phase d'acquisition. Quant aux deux flèches qui partent de la mémoire, l'une représente le traitement qui transforme les informations acquises en connaissances et l'autre le cadre théorique à l'intérieur duquel le calculateur doit intégrer ces connaissances, s'il veut aboutir à une compréhension du phénomène.

Pour terminer, il ajouta deux grandes flèches qui figuraient les rétroactions du premier cerveau vers le second et vers le système[36].

— Ce schéma, s'excusa-t-il, peut sembler terriblement embrouillé et pourtant les choses sont loin d'être aussi simples ! En effet, lorsqu'on fait intervenir les mécanismes du cerveau, on ne sait pas très bien de quoi on parle. Souvent je me réjouis d'être physicien plutôt que biologiste, car j'ai la chance de travailler sur des structures moins complexes que ce tissu vivant qui unit la chair aux idées.

— Qu'y a-t-il en effet de plus simple qu'un électron ?

— *Vous savez, il serait suffisant de réellement comprendre l'électron*[37] !

Rangeant son carnet dans sa poche, il ajouta :

— Mais vous qui êtes un spécialiste de la mécanique des quanta, vous avez sûrement remarqué que j'ai pris la précaution de préciser qu'il s'agissait d'une description classique. Car même si nous avons insisté sur le fait que le phénomène était lié à une interaction, nous avons négligé toute interaction du système avec l'observateur ou avec le reste du monde. Or vous savez bien qu'il est impossible d'observer un système sans le perturber.

— Quand on trempe la main dans ce lac pour savoir si l'eau est chaude, on modifie la température de l'eau. Il existe heureusement des calculs classiques pour corriger de telles perturbations.

— Je suis sûr qu'on parlera un peu plus tard des quanta. Laissez-moi simplement rappeler que, au sujet de l'interaction entre le système et le reste du monde, Mach pensait par exemple que les forces d'inertie étaient dues aux mouvements par rapport aux masses[38]. Et *l'être humain est une partie du tout que nous appelons « univers », une partie limitée dans le temps et dans l'espace. Il s'appréhende lui-même, avec ses pensées et ses sentiments, comme séparé du reste, mais ce n'est qu'une illusion de sa conscience : c'est une prison qui nous enferme dans nos propres désirs et notre affection pour quelques proches. Nous devons nous en affranchir en élargissant le cercle de notre compassion à tous les êtres vivants et à l'ensemble de la nature dans sa magnificence. Personne ne peut y parvenir entièrement, mais les efforts que nous faisons dans ce sens sont déjà des éléments de libération et les fondements d'une sécurité intérieure*[39].

— Cet holisme[40] assumé devrait pourtant vous aider à accepter le phénomène d'« intrication », comme l'a appelé notre ami Schrödinger. D'après lui, l'enchevêtrement de certains événements est précisément « le trait caractéristique de la mécanique quantique, celui qui impose sa déviation totale des lignes classiques de pensée[41] ».

— Mais, grogna-t-il, en acceptant de telles actions fantôme à distance, on s'éloigne beaucoup trop de la claire description des événements que propose la relativité.

— Que voulez-vous ? Tout est dans tout…

— Et réciproquement, bien sûr !

Les principes

— Même si, lui dis-je, l'observateur peut être considéré comme physiquement neutre dans cette description classique, il ne l'est pas psychiquement.

— En effet, il ne peut jamais y avoir de découverte sans idées préconçues. Et ces idées forment les fondements dont nous avons déjà parlé au sujet de l'induction. Comme l'a justement noté Poincaré : « On dit souvent qu'il faut expérimenter sans idée préconçue, cela n'est pas possible. Non seulement ce serait rendre toute expérience stérile, mais on le voudrait qu'on ne le pourrait pas. Chacun porte en soi sa conception du monde dont il ne peut se défaire si aisément[42]. »

— Il a dit aussi : « On fait la science avec des faits comme une maison avec des pierres, mais une accumulation de faits n'est pas plus une science qu'un tas de pierres n'est une maison[42]. » Voulez-vous dire que l'idée préconçue est au physicien ce que le plan est à l'architecte ?

— *La science n'est pas une collection de lois, un catalogue de faits non reliés entre eux. Elle est une création de l'esprit humain au moyen d'idées et de concepts librement inventés*[43]. Si une science sans observation n'est que philosophie, on peut assurer qu'une science sans théorie n'est que botanique. Malheureusement, *à la différence de la théorie qui peut être vérifiée par l'expérience, il n'existe aucun chemin menant de l'expérience à la théorie*[31].

— C'est comme pour un polynôme de degré élevé, dont on cherche les zéros pour en briser le code.

J'étais tout aussi convaincu de la nécessité pour le physicien d'avoir une vue d'ensemble de son domaine de recherche et je le laissai poursuivre :

— Comment voulez-vous décrypter le message de la nature si vous ne possédez pas un code approprié ? Et ce code, c'est un ensemble de symboles et de règles, c'est à la fois un cadre dans lequel vous pourrez décrire les phénomènes et une structure faite de principes fondamentaux, qui devront s'appliquer également à tous les phénomènes.

— À notre époque, et grâce en particulier à vos efforts, on peut dire que le cadre de l'espace-temps, tel qu'il est maintenant décrit par la relativité générale[44], est à peu près universellement accepté.

— C'est juste, dans la mesure toutefois où on n'aborde pas vraiment le domaine de la mécanique quantique. Il ne faut pas oublier la grande révolution qui a été introduite par Descartes avec ses coordonnées. L'étude d'un phénomène vise à décrire les modifications d'un système au cours du temps, mais il n'y a pas réel changement d'état du système si on peut annuler la modification observée par un déplacement de l'observateur. Dans ce sens, le problème de l'espace est d'abord une question de point de vue. Et, pour montrer qu'il y a eu déplacement relatif entre l'objet et le sujet, il faut trouver un mode de représentation qui permette de repérer les positions respectives ; c'est le but des référentiels cartésiens. Ainsi a été introduit un cadre général dans lequel il devenait possible d'établir une correspondance biunivoque entre des figures géométriques et les idées que nous avions des objets autour de nous, pour ensuite être capable d'analyser les mouvements de ces figures. Il ne restait plus qu'à ajouter à cette conception de l'espace les notions relativistes de simultanéité des événements[3] et de courbure sous l'effet des masses[44], pour obtenir l'espace-temps actuel.

— Quand on parle de principes fondamentaux, on pense généralement aux divers principes de conservation, de moindre action ou bien encore de symétrie. Mais ne sont-ils pas bien relatifs ? Vautrin enseignait à Rastignac : « Il n'y a pas de principes, il n'y a que des événements ; il n'y a pas de lois, il n'y a que des circonstances[45]. » Comme on l'a vu[46], on n'a pas craint de créer de nouvelles catégories d'énergie, plutôt que de remettre en cause le principe de conservation de l'énergie, et la fameuse relation $E = mc^2$ en est le dernier avatar[47] !

— Vous avez raison, avoua-t-il. « Ce qu'il y a de vraiment commode avec les principes, c'est qu'on peut toujours les sacrifier quand c'est nécessaire[48]. »

— « Les principes sont des conventions et des définitions déguisées[42] », disait Poincaré, qui reconnaissait néanmoins que la plupart étaient tirés de lois expérimentales auxquelles notre esprit attribue une valeur absolue.

— Mais je voulais parler de principes qui sont plus philosophiques que physiques, car ils ne sont pas décidables. Chacun traîne avec lui un sac lourd des préjugés qu'il a accumulés au cours de son existence et dont il serait avisé de faire de temps en temps l'inventaire. Une logique apprise à l'école : cohérence du raisonnement, causalité et localité des phénomènes naturels ; une métaphysique d'origine probablement culturelle : réalité et intelligibilité du monde, refus de tout particularisme humain ; une esthétique plus ou moins personnelle : beauté du raisonnement, recherche de l'unité dans la continuité, refus des quantités infinies[49].

— Cela ressemble fort à un credo, dis-je avec une pointe d'ironie. Il n'y manque qu'un peu de morale !

— Tout d'abord, je crois que *la foi en un monde extérieur, indépendant du sujet qui le perçoit, se trouve à la base de toute science de la nature*[50]. Il y a un clair de lune extraordinaire, mais vous qui ramez, vous tournez le dos à ce spectacle merveilleux. Êtes-vous tenté pour autant de nier l'existence de la Lune ? Et même s'il y avait des nuages, même si nous n'étions pas là, la Lune ne continuerait-elle pas d'exister ? *Nul ne doute qu'à un instant déterminé le centre de gravité de la Lune occupe une position déterminée, en l'absence même d'observateur. On peut estimer que cette hypothèse est arbitraire d'un point de vue strictement logique. Si on l'abandonne, c'est alors une rude affaire que d'échapper au solipsisme*[51].

— « Système qui, à la honte de l'esprit humain et de la philosophie, est le plus difficile à combattre, quoique le plus absurde de tous[52]. »

— Mais, *si le monde n'était pas concevable, poser un monde extérieur réel n'aurait aucun sens*[18]. Je crois donc que cette réalité est intelligible ; malheureusement, elle ne se livre pas facilement. Comme le dit Planck : « Ces deux propositions : “il y a un monde réel indépendant de nous” et “nous ne pouvons pas avoir une connaissance immédiate du monde réel” sont inséparables ; elles sont le pivot de la science physique tout entière[53]. »

— Il a dit aussi : « Ce noyau absolument immuable et indépendant de toute individualité, que ce soit celle de l'homme ou celle de tout autre être intelligent, est ce que nous nommons le réel. [...] Il y a un but permanent dont nous nous rapprochons bien que nous ne puissions jamais l'atteindre complètement. Ce but, ce n'est pas d'établir une coordination parfaite entre nos pensées et nos sensations, c'est d'éliminer de nos idées sur l'univers tout ce qui est propre à l'individualité de l'esprit qui le conçoit[54]. » N'est-ce pas cela aussi, l'intersubjectivité ?

Il me reprit en précisant :

— Je préfère parler d'objectivation. Il n'est pas aisé de chasser non pas un observateur de son observation, mais tout Observateur d'une Observation. Il ne suffit pas de tenir compte du mouvement par rapport à l'objet et de corriger parallaxe et simultanéité. Il ne suffit pas de tenir compte de la perturbation apportée au phénomène et des imperfections liées à toute opération de mesure. Il faut encore voir combien la limitation à un objet et à un moment particuliers, mais aussi le lissage sur une plage et sur une durée finies, ont pu influencer le résultat. Et il faut surtout être conscient de l'importance du cadre théorique dans lequel le phénomène a été décrit. Par exemple, *avant Maxwell, on s'imaginait le réel physique comme des points matériels dont les changements ne consistaient qu'en mouvements, réglés par des équations différentielles. Après Maxwell, on a conçu le réel physique comme représenté par des champs continus, non explicables mécaniquement, réglés par des équations aux dérivées partielles. Cette modification de la conception du réel est le changement le plus profond et le plus fécond que la physique ait subi depuis Newton*[50]. Mais il n'est pas dit que nos outils actuels soient les mieux adaptés à la description du réel. Au contraire, les difficultés auxquelles la physique est confrontée à notre époque montrent bien le caractère provisoire de tout concept et la nécessité d'en découvrir de nouveaux.

— À votre avis, faut-il rechercher un mode de description continu ou discontinu ?

Ramassant un caillou au fond de la barque, il le jeta un peu plus loin dans l'eau.

— *Lancez une pierre*, me dit-il. *Vous pouvez la représenter par un champ dont les états de plus grande intensité se déplacent à la vitesse de la pierre*[43].

— Ce seraient donc les instruments que nous utilisons pour mesurer les objets qui introduiraient le discontinu, en nous obligeant à mettre une graduation en face d'une déviation.

— Je crois en effet que la réalité est continue, mais la connaissance que peut en acquérir le physicien est rendue discontinue par ses moyens d'observation. Que peut-il bien y avoir à l'intérieur d'une particule ? Si ce n'est pas du continu, ce ne peut être que des particules encore plus petites. À la limite, les ultimes constituants de notre description doivent donc être ou continus ou parfaitement ponctuels. C'est pourquoi je pense que seule une théorie du champ pourra apporter une réponse satisfaisante. Il reste encore beaucoup de travail à accomplir…

Il sortit de sa poche une pipe, qu'il commença à curer méthodiquement.

— Je me demande parfois si vous ne fumez pas uniquement pour curer et remplir votre pipe.

— *Mon but est bien de fumer, mais une des conséquences est que la pipe a tendance à s'encrasser. J'ai peur que la vie soit comme la pipe. Surtout le mariage*[55]…

Au courant de ses problèmes conjugaux, je ne demandai pas plus de détails. Puis il sortit une blague, bourra la pipe et l'alluma. Je repris la discussion :

— Je crois savoir ce que vous entendez par localité. Vous voulez probablement dire que, dans ce réel physique qui existe indépendamment de nous, une action ne peut pas se propager à une vitesse supérieure à celle de la lumière. Newton lui-même était très ennuyé de devoir envisager des actions à distance qui étaient instantanées[56] et la relativité a mis bon ordre à cette situation.

— Il était temps de se débarrasser enfin du fantôme !

— Mais, en ce qui concerne la causalité, voulez-vous dire que vous êtes d'accord avec Laplace[57] ?

— Je sais qu'il est de bon ton de critiquer le déterminisme et Laplace s'est probablement laissé emporter par l'enthousiasme de son siècle. Il serait plus juste de dire comme Poincaré : « Si nous connaissions exactement les lois de la nature et la situation de l'Univers à l'instant initial, nous pourrions prédire exactement la situation de ce même Univers à un instant ultérieur. Mais, lors même que les lois naturelles n'auraient plus de secret pour nous, nous ne pourrons connaître la situation initiale qu'approximativement [...]. Il peut arriver que de petites différences dans les conditions initiales en engendrent de très grandes dans les phénomènes finaux ; une petite erreur sur les premières produirait une erreur énorme sur les derniers. La prédiction devient impossible et nous avons le phénomène fortuit[58]. »

— On ne sait toujours pas intégrer le problème à trois corps !

— Et même si nos moyens de calcul étaient illimités, nous ne saurions comprendre *le mystère d'une avalanche qu'un seul grain de poussière suffit à déclencher et qui prend un chemin bien défini*[59]. C'est en ce sens qu'on peut dire que même le chaos est déterministe.

J'en profitai pour lui demander :

— N'est-ce pas aussi de cette façon que le fameux libre arbitre peut être rendu déterministe ?

— Oui mais, comme l'avait souligné Nietzsche[60], le problème est encore compliqué par le fait qu'il constitue un nouveau cas d'autoréférence.

— Planck a proposé une solution : « Demandons-nous ce que nous entendons quand nous disons que la volonté humaine est libre. Nous répondons alors simplement ceci : "Quiconque, ayant la possibilité d'accomplir deux actions, se sent en lui-même la force de pouvoir se décider à sa convenance pour l'une ou pour l'autre, est libre." [...] Si l'homme pouvait posséder, à l'égard de lui-même, la pénétration parfaite du regard divin, il pourrait, en s'appuyant sur la loi de causalité, prévoir ses propres actes volontaires ; sa volonté ne serait donc plus libre. Or la logique, à elle seule, exclut une telle possibilité. Il n'existe pas, en effet, d'œil, si perfectionné soit-il, qui soit capable de se voir lui-même[53]. »

— Ainsi sommes-nous portés à accorder la liberté aux systèmes trop complexes pour qu'ils soient scientifiquement réductibles. Nous nous contentons alors de probabilités et nous inventons une fonction ψ pour les décrire, *psi* comme psychique.

Une pierre dans mon jardin quantique, mais j'attendais encore un peu avant d'aborder ce domaine. La barque accosta. La nuit était maintenant complète. Lentement, nous remontâmes vers la maison.

— Ainsi, lui dis-je, notre liberté n'est que statistique. Elle est turbulente comme la molécule du filet de fumée qui s'échappe de votre pipe et dont aucune équation ne peut rendre compte du mouvement. Ah ! qui sommes-nous ? Où allons-nous ?

— Et qu'est-ce qu'on mange ce soir ?

UN MONDE QUANTASTIQUE

Son esprit s'échappa vers le labyrinthe de la double pensée. Connaître et ne pas connaître. En pleine conscience et avec une absolue bonne foi, émettre des mensonges soigneusement agencés. Retenir simultanément deux opinions qui s'annulent alors qu'on les sait contradictoires et croire à toutes deux. Employer la logique contre la logique.

George Orwell (*1984*)

Les quanta

Après avoir rapidement mangé le repas que la femme de ménage nous avait préparé, nous nous installâmes sur la terrasse. J'allumai la lampe au-dessus de la porte d'entrée.

— *Fiat lux !*, s'exclama mon visiteur.

— Quoi de plus simple en apparence que la lumière ? Et pourtant son explication fait intervenir les théories les plus complexes de la physique actuelle. Est-elle faite de corpuscules, comme le pensait Newton ? Est-elle une onde, comme l'a proposé Huygens[22] ? Peut-elle être les deux à la fois, comme n'hésitent pas à l'affirmer certains physiciens contemporains ? Et que reste-t-il dans ce cas de tous les beaux principes que vous avez énoncés tout à l'heure ? Voici notre observateur qui, placé en plein cœur de la matière et du rayonnement, joue au perturbateur ! Je crois que nous ne pourrons pas éluder plus longtemps le problème de la mécanique des quanta et de son interprétation.

— Nous serions probablement beaucoup plus sages de suivre l'exemple de votre épouse et de nous contenter de l'une de ces descriptions dont elle a le secret. Mais nous ne sommes pas des poètes. Il nous faut une explication et vous savez bien que je ne suis pas d'accord avec l'orientation actuelle des recherches dans ce domaine.

— « La source désapprouve presque toujours l'itinéraire du fleuve[61] », dit aussi de Broglie.

— Mes premiers articles, se souvint-il, allaient tellement à l'encontre des idées de l'époque que *tout rapporteur normal aurait dû se prononcer contre leur publica-*

tion[62]. Il a d'ailleurs fallu plus de vingt ans pour faire admettre cette idée des quanta de lumière. Bizarrement, c'est l'effet Compton qui a fait basculer la communauté scientifique, alors que son découvreur l'avait d'abord expliqué tout à fait classiquement par effet Doppler[63]. À présent, nous assistons à la situation inverse, à ceci près que la puissance de l'establishment s'est tellement accrue que *je me demande si un seul de mes premiers papiers aurait pu voir le jour maintenant*[62] !

Il sourit, avec une sorte de regard gamin, et continua :

— Maintenant, la physique classique ressemble à un chantier qui aurait été déserté par ses ouvriers, à l'annonce d'une catastrophe imminente. Au point qu'il devient honteux de se réclamer de Newton ou de Maxwell pour expliquer un phénomène atomique ! Le fiasco de cette physique réside dans l'ambiguïté du concept de particule. Soit on considère que ces particules sont assez petites pour que leur influence sur les champs puisse être négligée et on sait déterminer leur mouvement : la loi de Lorentz donne la réponse à un champ électromagnétique, la loi de gravitation celle à un champ de gravitation et on combine les deux réponses si les deux types de champ sont présents ; les particules sont alors des objets ponctuels. Soit on considère que les particules agissent en tant que sources du champ et le champ à leur voisinage immédiat ne doit pas tendre vers l'infini ; les particules sont alors des objets relativement étendus dans l'espace. La voie était ouverte pour une conception totalement différente.

— Peut-on raisonnablement se passer à notre époque de la mécanique des quanta, dont chacun connaît les multiples réussites ?

— Le critère essentiel auquel doit satisfaire une théorie physique est de conduire à des prévisions vérifiables. On doit pouvoir monter des expériences dont la théorie prédise les résultats ou dont elle permette tout au moins de calculer les probabilités des divers résultats possibles. Et de ce point de vue il faut bien reconnaître que la mécanique des quanta est pleinement satisfaisante. Toutefois, outre la confirmation expérimentale, on requiert en général quelque chose de plus d'une théorie. On lui demande en effet, non seulement de prédire les résultats des expériences, mais aussi de procurer une certaine compréhension des processus physiques sous-tendant les résultats obtenus.

— En d'autres termes, voulez-vous dire, la théorie ne doit pas seulement fournir la position qu'occupera une aiguille sur un cadran ; elle doit aussi nous renseigner sur le pourquoi de cette position.

— Et vous savez bien que, lorsqu'on recherche des informations de cette nature dans la mécanique des quanta, certaines difficultés conceptuelles apparaissent. Mais il est probable que ces difficultés vont aller en s'estompant d'année en année ; pour chaque nouvelle génération d'étudiants, il y aura moins de résistance à briser avant qu'ils se sentent à l'aise avec les idées quantiques[64]. En ce qui me concerne, *je ne me satisfais pas à la pensée qu'on possède une machinerie qui permette de prophétiser, mais à laquelle on n'est pas capable de donner un sens clair*[65].

Un peu songeur, il s'interrompit pour rallumer sa pipe, puis reprit :

— Prenez par exemple la fameuse relation de Planck $E = h\nu$. Eh bien, *si quelqu'un vous dit qu'il sait ce qu'elle veut dire, dites-lui que c'est un menteur*[62] ! Même Bohr a fait remarquer qu'elle contenait quelque chose d'irrationnel, puisqu'elle met en rapport une différence d'énergie – qui correspond à un saut énergétique instantané – et une fréquence – qui ne saurait être définie que sur un intervalle de temps suffisamment long[66].

— Il faut bien reconnaître qu'aucun phénomène se manifestant par une fréquence même inférieure à celle du visible n'a été détecté. Nous ne pouvons déduire les plus hautes fréquences qu'à partir des énergies des particules.

— Quant à l'inventeur de la relation, il reconnaissait qu'elle avait été établie dans des conditions pour le moins douteuses, car elle constitue une hypothèse *ad hoc* qui ne s'explique au départ que parce qu'elle est nécessaire pour obtenir la loi du rayonnement du corps noir[67]. Or cette loi résulte aussi d'une seconde hypothèse permettant de calculer la densité de modes par unité de volume et, comme Planck fut bien obligé d'en convenir lors du congrès Solvay de 1911 : « Pour obtenir la première, on a supposé que l'énergie d'un oscillateur était un multiple entier de $h\nu$, tandis que les raisonnements qui conduisent à la seconde supposent cette énergie continûment variable[68]. »

— Et Poincaré s'étonna en conclusion du congrès « de voir une même théorie s'appuyer tantôt sur les principes de l'ancienne mécanique et tantôt sur les nouvelles hypothèses qui en sont la négation[69] ».

— Il ajouta même ce commentaire assassin : « On ne doit pas oublier qu'il n'est pas de proposition qu'on ne puisse aisément démontrer, pour peu que l'on fasse entrer dans la démonstration deux prémisses contradictoires[69]. »

— Mais, demandai-je, il faut savoir ce qui doit être quantifié. Suffit-il d'introduire une discontinuité au niveau de la matière ou bien doit-on le faire aussi pour le rayonnement ?

— Planck en effet s'était contenté de quantifier l'énergie de ses oscillateurs sur les parois du corps noir, sans toucher au champ. C'est l'explication de l'effet photoélectrique qui a conduit à penser cinq ans plus tard que la lumière aussi devait être composée de quanta[70]. Mais, soupira-t-il, je dois reconnaître que trente *années de réflexion ne m'ont pas rapproché de la réponse à la question « que sont les quanta de lumière ? »*[71]. Et ce n'est pas parce qu'on préfère les appeler maintenant des photons[72] que leur nature est beaucoup plus lumineuse !

Aux idées défuntes de la physique ! (d'après un dessin de Hansi)

— Vous voudriez peut-être revenir à la conception semi-classique de Planck et considérer que les photons ne sont qu'un découpage artificiel de la lumière, provoqué par les propriétés quantiques de la matière lorsque celle-ci émet ou absorbe un rayonnement.

— *Même si la bière est toujours vendue en bouteilles d'une pinte, cela n'entraîne pas que la bière soit constituée de parties indivisibles d'une pinte chacune*[73].

Puis il ajouta, les yeux mi-clos :

— Réfléchissons un peu. Les théories classiques n'ont fondamentalement à leur disposition que deux types d'objet : des corpuscules et des ondes. Les corpuscules sont localisés – on peut les compter –, ils se déplacent selon des trajectoires qui peuvent les amener à se choquer – ils sont impénétrables. Au contraire, les ondes s'étendent dans tout l'espace disponible et se laissent traverser – elles peuvent se superposer. Tant que la fréquence est basse, l'aspect ondulatoire de la lumière est plus évident – ou plus utile – comme description approchée en partant des expériences de tous les jours. Mais, au-dessus d'un certain seuil de fréquence, son aspect corpusculaire devient plus évident avec les équipements de mesure spécialisés mettant en œuvre des techniques photoélectriques. Pour interpréter ce double comportement, la mécanique des quanta a introduit une troisième brique de base : le photon. Le problème est que celui-ci a des qualités contradictoires.

— Vous allez me dire que, si des mesures mal réalisées peuvent être contradictoires, des grandeurs correctement définies ne le doivent pas.

— Le photon est un objet monstrueux. Prenez par exemple un photon mou : c'est un objet qui a très peu d'énergie et on devrait pouvoir le négliger, alors qu'il s'étend dans tout l'espace. C'est un objet véritablement scandaleux[74] !

LA FONCTION D'ONDE

Je fis remarquer à mon interlocuteur que, s'il avait fallu attendre près de vingt ans pour être convaincu de l'existence des quanta, par contre les événements s'étaient particulièrement précipités depuis, avec l'hypothèse des ondes de matière, puis la naissance de la mécanique des quanta et maintenant le développement de l'électrodynamique quantique[75]. Voici ce qu'il me répondit :

— La notion de symétrie a souvent été fructueuse en physique, mais elle ne suffisait pas à justifier l'idée que, si la lumière avait un côté corpusculaire, alors la matière devait avoir un côté ondulatoire. Bien que l'ayant prise au sérieux dès le début, je reconnais qu'une telle idée pouvait sembler à juste titre tout à fait farfelue et vous savez combien subtile est la frontière entre le génial et le farfelu.

— C'est un psychiatre qui disait qu'il n'était pas « possible de distinguer, par sa nature seule, une idée folle d'une idée raisonnable[76] ». Cependant, les expériences de diffraction réalisées avec des électrons ont rapidement montré qu'il ne s'agissait pas seulement de spéculations mais d'ondes bien réelles, qui étaient capables d'interférer comme des rayons X et même de remplacer la lumière dans un microscope[77].

— Le problème est que la réalité de ces ondes a très vite disparu sous le formalisme de la théorie. Peut-être sous l'influence de l'existentialisme naissant ou du surréalisme triomphant[35], on a inventé des ondes virtuelles, « quelque chose qui tient le milieu entre l'idée d'événement et l'événement réel, une étrange sorte de réalité physique intermédiaire entre possibilité et réalité[78] », comme Heisenberg le dit lui-même.

— Le modèle planétaire de l'atome commençait à montrer ses insuffisances[79].

— Mais de là à le remplacer par une boîte noire matricielle qui donne automatiquement la bonne réponse à n'importe quelle interrogation, gronda-t-il, c'était un peu trop facile ! Prenons si vous préférez l'équation d'onde, dont l'aspect nous est plus familier. C'est un mécanisme remarquable, qui apporte des solutions très précises aux questions que nous nous posons sur le rayonnement des atomes. Malheureusement, on ne sait toujours pas très bien ce que représentent ces solutions. Grâce en particulier à vos recherches, on s'oriente de plus en plus vers une interprétation probabiliste. Mais l'onde, qui avait un statut physique bien réel, se transforme ainsi en être mathématique qui évolue dans un espace à $3n$ dimensions et la particule, qu'on savait représenter clairement dans notre espace-temps, n'a plus de trajectoire. Vous conviendrez qu'il s'agit là d'un bouleversement radical de nos conceptions. À moins que ce ne soit plutôt une extension du domaine de notre crédulité !

— Il ne faudrait quand même pas, risquai-je, oublier les immenses réussites de cette théorie.

— Vous me l'avez déjà dit ! C'est vrai, on retrouve toutes les raies du spectre de l'hydrogène, on obtient toutes les décimales de la constante de structure fine ou du facteur de Landé[80]. Mais Schrödinger lui-même s'inquiète du « contraste entre l'évolution du phénomène ondulatoire, qui s'effectue d'une manière parfaitement définie, et le comportement observable des particules qui, selon toutes les apparences, n'est déterminé que statistiquement[81] ».

Après un temps d'hésitation, où son regard gris-bleu sembla aller très loin en lui-même, il me confia :

Jeu de dés

— *La perfection du mécanisme de la théorie et ses immenses réussites détournent le regard de la cruauté du sacrifice que l'on a consenti*[51]. Mais *les grands succès de cette mécanique dès son début ne peuvent pas m'amener à croire à ce jeu de dés fondamental, bien que je sache que mes confrères plus jeunes voient là un effet de la fossilisation*[82]. Non, je ne peux *pas croire que nous devions abandonner, réellement et pour toujours, l'idée d'une représentation directe de la réalité physique dans l'espace et dans le temps, et que nous devions accepter l'opinion que les événements dans la nature ressemblent à un jeu de hasard*[13].

— Je me doutais bien que vous parleriez de jeu de dés à propos de notre interprétation de la fonction d'onde.

— J'en parle surtout parce qu'il s'agit d'un jeu très particulier, où l'on ne voit jamais les dés rouler sur la table et où l'on tient pour incongru de se demander s'ils roulent jamais[83].

— Je ne comprends pas, dis-je avec calme, pourquoi vous voulez à tout prix découvrir autre chose que ce qui existe. Il faut au contraire se résigner : la fonction d'onde contient toute l'information qui nous est accessible sur le système étudié et il est totalement illusoire de vouloir en savoir plus qu'elle ne peut en dire. Prenons par exemple une particule. Son état est entièrement décrit par une certaine fonction ψ qui est solution de l'équation d'onde et le carré du module de cette fonction représente la probabilité de présence de la particule dans un certain élément de volume. Quand cette probabilité est égale à 1, la présence de la particule est certaine ; quand elle est égale à 0, elle est impossible ; quand elle est comprise entre 0 et 1, elle est incertaine, ce qui veut dire que nous ne pouvons prévoir avec certitude le résultat d'une mesure de la présence de la particule dans l'élément de volume considéré. Nous savons simplement que, si nous effectuions cette mesure sur un grand nombre de particules dans le même état, cette probabilité correspondrait à la fréquence des résultats enregistrés. C'est peut-être dommage, mais voilà tout ce que nous pouvons connaître au sujet de cette particule. Et vous savez que cette représentation de l'évolution de la particule est étroitement liée aux fameuses relations d'incertitude, selon lesquelles il n'est pas possible de déterminer avec une précision absolue à la fois deux variables conjuguées, telles que par exemple la vitesse et la position de la particule. Des relations maintenant bien établies[84] !

— Oui, je sais. Heisenberg a imaginé un microscope à rayons gamma : si on durcit le rayonnement pour améliorer le pouvoir séparateur du microscope de façon à mieux déterminer la position de la particule, on ne peut s'empêcher de lui transférer une plus grande quantité de mouvement, qui vient perturber la mesure de sa vitesse.

— Il faut donc se rendre à l'évidence, insistai-je, notre connaissance a des limites et nos concepts doivent en tenir compte.

— Voilà en effet la question fondamentale : est-ce que nos concepts doivent obligatoirement souffrir des mêmes limites que notre connaissance ? S'il en avait toujours été ainsi, on se demande comment Démocrite aurait pu émettre l'idée des atomes. « Expliquer du visible compliqué par de l'invisible simple[85] », comme dit Perrin, tel est notre but et c'était déjà celui de la plupart des mythes, avant que la science existe. Mais le mythe ne sait pas évoluer, alors que la science s'adapte au constant développement des connaissances. Et quand celui-ci est arrêté pour des raisons matérielles, elle a le devoir d'imaginer au-delà.

— Le problème est de savoir si ce qui nous arrête pour décrire la particule est une simple raison matérielle ou bien s'il ne s'agit pas plutôt de l'un des grands principes de la nature ; c'est pourquoi je préfère parler à son sujet d'indétermination et non d'incertitude. Quand on discute de simultanéité dans la théorie de la relativité, on accepte de prendre en compte la limitation de la connaissance qui est due à la vitesse finie de la lumière[3]. Alors, si les relations d'incertitude[84] sont vraies, pourquoi ne pas les prendre aussi en compte dans la description du monde ?

— *Une bonne plaisanterie ne doit pas être répétée trop souvent*[73].

Il dit cela avec un sourire forcé et je sentis que l'argument avait porté. Puis, changeant de ton :

— Connaissez-vous la triste histoire d'une petite onde qui voyageait du temps de la ségrégation, c'est-à-dire avant 1925, quand on savait encore distinguer une onde d'une particule ?

— Non, mais vous allez me la conter.

— Elle arrive par le train dans une petite ville du Kanta, qu'elle trouve inhabituellement animée. À l'hôtel où elle descend d'ordinaire, le concierge lui apprend qu'il n'y a plus une chambre vacante, et qu'il en va de même dans toute la ville des ondes. « Essayez donc dans le quartier des particules. À moins de passer la nuit à la gare. » Dans l'hôtel miteux où elle se présente, l'employé de nuit lui répond : « Oui, nous avons des chambres, mais pas le droit de louer à une onde, même pour une nuit. » L'onde, épuisée, reprend son paquet, va dans une ruelle sombre derrière l'hôtel, réduit son paquet et se présente à nouveau, en insistant pour qu'on la réveille à sept heures du matin, car elle doit attraper le premier train d'ondes. « Comptez sur moi », dit le gardien en tendant sa clé à la voyageuse. Laquelle se met au lit et s'endort aussitôt, malgré les bruits du voisinage. Des coups frappés à sa porte la réveillent en sursaut. « Il est sept heures, Madame ! » La voyageuse regarde sa montre, constate en jurant qu'il est sept heures un quart, s'habille en hâte, court à la gare, attrape le train au vol et s'installe, prête à reprendre son somme. Un contrôleur lui secoue l'épaule : « Ce wagon est réservé aux ondes. » La voyageuse rit, sort sa fonction *psi* : « Excusez-moi, c'était une blague, une blague idiote. » Mais la fonction n'y fait rien. Le contrôleur s'impatiente, il n'est pas d'humeur à plaisanter. La voyageuse se précipite aux toilettes, se regarde dans l'interféromètre et comprend alors : le garçon d'étage qui l'a réveillée s'est trompé de chambre[86].

— Et quelle moralité en tirez-vous ?

— *Je ne voudrais pas me laisser entraîner à renoncer à la causalité stricte tant qu'on ne s'en sera pas défendu de toute autre façon. L'idée qu'un électron exposé à un rayonnement choisit en toute liberté le moment et la direction où il veut sauter m'est insupportable. S'il en était ainsi, j'aimerais mieux être cordonnier ou même employé dans un tripot que physicien*[87]. S'il fallait croire que l'interprétation probabiliste était définitive, alors on pourrait dire que le grand but de la mécanique quantique est de remplacer du visible compliqué par de l'invisible encore plus compliqué. Pis, cette façon de voir le monde ouvre la porte aux tentatives les plus malhonnêtes pour le réenchanter !

LA COMPLÉTUDE

Nous étions toujours assis sur le banc devant la maison et, après quelques minutes de réflexion, mon voisin reprit :

— Heureusement, jusqu'à présent, rien ne permet de penser que l'interprétation probabiliste actuelle soit définitive. Comme toujours en science, une hypothèse se justifie par les conséquences qu'on peut en tirer. En plus des relations d'incertitude[84], l'interprétation probabiliste implique un certain nombre de principes tels que ceux de superposition, de complémentarité ou de correspondance. À leur tour, ils impliquent certains paradoxes qui sont pour le moins assez troublants. Tant que ces paradoxes n'auront pas été clairement résolus, je considérerai qu'une autre interprétation de la fonction d'onde est possible.

— Vous voulez parler du paradoxe présenté par Schrödinger et de quelques autres encore, mais il est bien clair qu'ils ne remettent absolument pas en cause la justesse des prévisions que permet la mécanique quantique.

— Tout à fait d'accord ! J'accepte ces prévisions et je veux seulement m'interroger sur la description de la réalité qu'apporte cette mécanique. Cette description est-elle complète ? Je prétends que non. *Une théorie vraiment rationnelle devrait permettre de déduire les particules élémentaires et non pas être obligée de les poser a priori*[88]. Quand une théorie a besoin de l'expérience pour faire des prévisions, c'est qu'il lui manque quelque chose. Même les mathématiciens ne sont pas très satisfaits par la nouvelle électrodynamique car, pour la première fois, « ils n'ont pas été en mesure de justifier un formalisme que des physiciens avaient introduit[89] » !

Il dit cela avec un peu de véhémence. Plus calme, il ajouta :

— Pour me faire mieux comprendre, je vais vous demander de considérer deux expériences de pensée. La première fait appel à une source de photons qui serait tellement faible que chaque photon serait émis séparément. Prenons donc une telle source et plaçons-la derrière une plaque percée de deux fentes parallèles très rapprochées, ce que nous appelons des fentes d'Young. Si nous mettons un détecteur devant chacune de ces fentes, la théorie indique que, lorsque le premier détecte un photon, le second ne peut rien détecter : il y a parfaite anticorrélation entre les deux détecteurs. Mais si nous disposons maintenant un écran devant la plaque à la place des détecteurs, alors la même théorie nous indique qu'il doit se former un système d'interférences. Et vous savez qu'il ne s'agit pas là d'une simple expérience de pensée, puisque cette dernière prévision a été vérifiée il y a déjà vingt-cinq ans[90].

— Qu'y a-t-il d'étrange à cela puisque le résultat est parfaitement conforme aux prévisions de la mécanique quantique !

— Non, rien d'étrange, ironisa-t-il, si ce n'est que voilà une particule qui passe par deux trous à la fois pour interférer avec elle-même… Il faut quand même reconnaître que la notion de trajectoire dans l'espace-temps est ici sérieusement mise à mal.

— Ce n'est pas un paradoxe puisqu'il s'agit d'un phénomène qui est prévu par la théorie et qui s'appelle la réduction du paquet d'ondes[91]. Vous-même l'avez évoqué dans votre conte[92] ! La source émet un paquet d'ondes qui emplit tout l'espace à la vitesse de la lumière. Si jamais on détecte ce paquet en face d'une fente, alors sa probabilité de présence à cet endroit devient une certitude et celle en face de l'autre fente ne peut être que nulle. Bohr nous a expliqué qu'il faut utiliser deux descriptions – mutuellement exclusives et conjointement nécessaires – pour décrire les propriétés d'une particule à l'aide de concepts classiques. Cela s'appelle le principe de complémentarité : suivant l'appareil que vous utilisez, le paquet d'ondes révèle sa nature corpusculaire ou ondulatoire, jamais les deux en même temps.

— Cela s'appelle être moderne !

— Que voulez-vous dire ?

Complémentarité

— « Un homme moderne, et c'est en quoi il est moderne, vit familièrement avec une quantité de contraires établis dans la pénombre de sa pensée et qui viennent tour à tour sur la scène[93]. » Cette dualité – ou plutôt cette duplicité – de la lumière, c'est le mariage de la carpe et du lapin. On comprend pourquoi certains ont osé comparer la complémentarité à la vertu dormitive de l'opium, dont s'était moqué Molière, et de Broglie est allé jusqu'à traiter son promoteur de « Rembrandt de la physique contemporaine, car il manifeste parfois un certain goût pour le clair-obscur[94] » !

— Bohr a aussi déclaré que « vérité et clarté sont deux variables complémentaires[95] »…

— Mais Bacon a dit bien avant que « la vérité émerge plus facilement de l'erreur que de la confusion[96] ». *La philosophie – ou la religion – lénifiante d'Heisenberg et Bohr est subtilement agencée de manière à fournir, à celui qui y croit, de profonds coussins dont il peut difficilement s'extirper. Laissons-le donc s'y reposer*[97].

Après m'avoir laissé reposer quelques instants :

— Je veux bien continuer pour vous. Gardons le même projectile et compliquons un peu les choses. Dans la seconde expérience, nous allons considérer non plus une source à un seul photon mais une source à deux photons. Pour être tout à fait au goût du jour, nous prendrons un électron négatif qui rencontre un électron positif[47]. On sait maintenant que l'annihilation de ces deux particules produit deux photons gamma qui s'éloignent le long d'un même axe, mais dans des sens opposés. On ne connaît pas la direction, mais on est sûr que si l'un va vers le nord, l'autre va obligatoirement vers le sud…

— Ils ont des principes et savent qu'ils doivent conserver leur quantité de mouvement !

— Si nous plaçons un détecteur à l'est de cette source et que nous enregistrons la présence d'un photon, nous n'avons pas besoin de détecter le second pour savoir qu'il est parti vers l'ouest. Ainsi n'est-il pas nécessaire de réduire le paquet d'ondes du second photon pour connaître sa position. Dans ces conditions, je prétends que si, sans perturber en aucune façon ce deuxième photon, je peux prédire avec certitude sa position à un instant donné, alors *la description de la réalité donnée par la fonction d'onde n'est pas complète*[98] : il existe un élément de la réalité physique qui est peut-être caché, mais qui correspond néanmoins à cette position.

— Mais la localisation des deux photons était absolument indéterminée avant que la mesure sur le premier photon fût effectuée. C'est cette mesure qui détermine la position du premier photon et, par la même occasion, celle du second.

— Qu'entendez-vous par « détermine » ? C'est la mesure sur le premier photon qui permet en effet de connaître la position du second, mais ce ne peut être elle qui fixe cette position. Car, au moment de la mesure, les deux particules peuvent être très éloignées l'une de l'autre et, si la mesure sur l'une devait influencer la position de l'autre, alors cette action devrait se propager à une vitesse supérieure à celle de la lumière, en pleine contradiction avec la théorie de la relativité. Au secours ! le fantôme revient. Non, *mon instinct scientifique se hérisse à cette idée*[19] !

Reprenant son souffle :

— Prenez par exemple un gantier qui fabrique alternativement des paires de gants blancs ou noirs. Pour surveiller sa fabrication, il prélève au hasard une paire toutes les semaines, et il expédie aussitôt pour expertise le gant gauche chez l'inspecteur Truc à Paris et le gant droit chez l'inspecteur Machin à Genève. Les résultats lui sont télégraphiés et le gantier peut ainsi vérifier que, conformément à ses prévisions, M. Truc tout comme M. Machin reçoit en moyenne un gant blanc une fois sur deux mais que, lorsque M. Truc reçoit un gant blanc, M. Machin reçoit toujours aussi un gant blanc. J'en conclus que, comme la couleur du gant, la position du second photon était déterminée avant la mesure effectuée sur le premier et je prétends que cet élément de la réalité physique n'est pas fourni par la théorie quantique dans son état actuel.

J'affirme donc que cette théorie est incomplète et qu'il nous faut chercher cet élément caché.

— Von Neumann n'a-t-il pas démontré récemment que la forme des lois de probabilité de la mécanique quantique était incompatible avec l'existence de tels paramètres[99] ?

— Une démonstration abstraite et élégante, très impressionnante en effet. C'est l'argument d'autorité, déjà utilisé contre Harvey, encore renforcé ici par l'usage des mathématiques. J'en ai discuté avec de Broglie, lors d'un passage par Paris, et il m'a confié qu'il avait « des doutes sur sa validité[94] ». Il semble que l'un des axiomes à la base du théorème n'est pas toujours vérifié[100].

— La solution du paradoxe, tentai-je d'expliquer, est pourtant évidente pour tous ceux qui utilisent tous les jours avec succès la mécanique quantique. Cette théorie est faite pour prédire le résultat de mesures qui seront ensuite effectuées et non pour prédire celui de mesures qui ne pourront jamais être effectuées. Elle est incapable de formuler le paradoxe que vous proposez et elle refuse tout simplement de le prendre en considération : nous dirons que nous sommes en présence d'un phénomène d'intrication quantique.

— Non, je suis désolé, je ne peux pas être réaliste six jours sur sept et positiviste[101] le septième jour ! *Il y a les tâcherons à principes et les virtuoses*[102], et je fais définitivement partie de la première catégorie. Si l'on réduit la physique à n'être qu'un ensemble de lois, on n'est pas intellectuellement dans une situation supérieure à celle du rat qui sait que, lorsqu'il appuie sur un levier, la nourriture va tomber dans son écuelle[74].

Très probablement, la Lune n'était plus là car personne ne la regardait. Cependant, pour être tout à fait complet, je dois ajouter que quelques nuages étaient venus voiler son réel.

La correspondance

L'air était calme. Des papillons tournaient autour de la lampe, apparemment sans se poser de questions sur la nature du rayonnement. Le miaulement de chats qui se battaient parvint jusqu'à la terrasse. Mon voisin me dit :

— « Le plus grand art de la vie, dans l'étude comme dans le monde, consiste à convertir le problème en postulat ; c'est ainsi que l'on en vient à bout[103]. » Vous venez de montrer qu'il existe deux façons de se débarrasser d'un paradoxe : l'intégrer ou le nier. Peut-être aurai-je plus de chance en reprenant l'argument que Schrödinger m'a présenté en début d'année ? Je suis sûr qu'à vous aussi il a raconté la triste histoire de son chat[104]. Il avait enfermé la pauvre bête dans une boîte complètement opaque, mais avec une lucarne. Il avait également placé dans cette boîte une fiole emplie d'acide prussique et un marteau capable de briser cette fiole. Le mécanisme du marteau était commandé par un compteur Geiger[105] situé en face d'un certain matériau ; et la teneur en radium de ce matériau était telle que, au bout d'une heure, le compteur avait une chance sur deux de détecter l'émission d'un rayonnement et de déclencher ainsi la chute du marteau sur la fiole. Au bout d'une heure, il a ouvert la lucarne. Qu'était devenu le chat[106] ?

Je lui montrai la copie d'une chanson qu'un étudiant m'avait donnée avant mon départ de Berlin et que je conservais pliée dans mon portefeuille. Avec pour titre « Le chat d'Erwin[107] » :

« Le chat du méchant Erwin
Il l'a enfermé dans une cabine
Avec une fiole d'acide prussique
Et un marteau actionné par une mécanique.
Le chat du méchant Erwin
Ne sait pas que la machine
Est commandée par un compteur Geiger
Placé devant un matériau avec du radium.
Une chance sur deux
De briser la fiole en une heure,
Erwin ouvre la cabine au bout d'une heure
Et vive le chat et meure le chat.

« Je pourrais aussi vous parler de la complémentarité
Selon l'instrument on voit une particule ou bien une onde.
Je ne parlerai pas de la non-séparabilité
Deux photons jumeaux restent liés même très loin.
Tout ça fait partie des mystères de la fonction d'onde
Pour en goûter la subtilité, mieux vaut ce petit refrain.

« Le chat du méchant Erwin
Il l'a enfermé dans une cabine
Avec une fiole d'acide prussique
Et un marteau actionné par une mécanique.
Le chat du méchant Erwin
Ne sait pas que la machine
Est commandée par un compteur Geiger
Placé devant un matériau avec du radium.
Une chance sur deux
De briser la fiole en une heure,
Erwin ouvre la cabine au bout d'une heure
Et vive le chat et meure le chat. »

— Je connais en effet cette chagrinante histoire. Cela m'a fait penser à ces disparus de la dernière guerre qui étaient considérés comme morts ou vivants, au gré des statistiques.

— Mais, souligna-t-il, quand leur corps était retrouvé, il fallait bien choisir.

Chat quantique

— Il vaudrait mieux pour tout le monde que les physiciens s'interdisent de poser de telles questions !

— Comportons-nous comme des mécaniciens quantiques parfaitement orthodoxes. L'état du chat au bout d'une heure doit être décrit comme étant une superposition de deux états également probables : un chat vivant et un chat mort. Admettons que ce langage ait une certaine signification physique. Mais que se passe-t-il quand nous ouvrons la lucarne ? Nous savons instantanément lequel de ces deux états correspond à la réalité, ce qui revient à dire que nous avons brutalement modifié la fonction d'onde qui représente tout ce que nous connaissons du chat. Peut-on vraiment croire que notre regard est assez puissant pour réussir à tuer un chat ?

— C'est encore là le phénomène de la réduction du paquet d'ondes[91], qui est parfaitement pris en compte par la théorie quantique, et il n'y a pas plus de mystère pour cette bête que tout à l'heure pour le photon isolé.

— À ceci près, répliqua-t-il vivement, que le chat est suffisamment gros pour que n'importe quel observateur puisse se rendre compte de son état, sans être amené pour autant à perturber celui-ci. Les relations d'incertitude[84] n'ont plus rien affaire ici et on ne voit pas comment on pourrait appliquer un principe de correspondance. Il suffirait d'ailleurs de mesurer la température du chat pour montrer que, s'il est mort, il l'était avant que le regard de l'observateur pénétrât dans la boîte. Il est donc difficile de considérer le monde classique, auquel nous sommes habitués, comme un simple prolongement, une évidente déduction du monde quantique.

— Il est vrai, concédai-je, qu'on n'a toujours pas trouvé le moyen de raccorder les deux grandes constructions théoriques de notre siècle. Chacune semble jalouse de son domaine propre d'application, l'atome ou les étoiles, sans se soucier de la présence de l'autre.

— Mais, clama-t-il, le désaccord est irrémédiable ! Comment peut-on penser qu'il sera un jour possible de concilier deux constructions qui reposent sur des présupposés philosophiques diamétralement opposés ? La théorie de la relativité est réaliste et foncièrement continue dans sa forme générale ; elle a de plus précisé les principes classiques de localité et de causalité. Tandis que l'autre théorie est opératoire[101] et a introduit la discontinuité quantique, remettant en question localité et causalité[49].

— C'est un fait, dus-je convenir. Galilée avait montré avec sa lunette[108] qu'il n'y a qu'une seule physique, sur la Terre comme au ciel. On s'éloigne tous les jours un peu plus de son grand programme universel.

— Voyez par exemple comment la théorie quantique des champs attribue au vide des fluctuations, dont la densité d'énergie serait loin d'être négligeable. Or vous savez que la relativité générale a introduit une certaine constante cosmologique, dont dépend peut-être le sort de notre Univers, mais qui est certainement très voisine de zéro. L'ennui, c'est que cette constante est en principe proportionnelle à la densité d'énergie du vide[109].

— Voilà ce que votre ami Ehrenfest aurait pu appeler la « catastrophe du vide quantique »[67] !

— Je voudrais simplement rappeler ce que nous avions dit pour la déduction[110] : une théorie plus générale doit pouvoir être formulée de manière logiquement fermée indépendamment d'une théorie moins générale qui en est un cas limite. C'est ainsi que la mécanique relativiste peut être érigée sur ses principes fondamentaux sans faire appel à la mécanique newtonienne. Mais la formulation des principes de la mécanique quantique est foncièrement impossible sans l'intervention de la mécanique classique[111]. Les tentatives de Pauli pour déduire la mécanique classique de la mécanique quantique ont échoué. Alors, il n'est pas impossible que la découverte de variables cachées nous permette un jour de suivre le chemin inverse et de comprendre enfin pourquoi un atome de radium choisit tel moment plutôt qu'un autre pour décroître.

Après quelques minutes de silence, il reprit :

— Voyez ce qui s'est passé pour la thermodynamique. Il a fallu attendre la découverte de la mécanique statistique pour comprendre la véritable nature d'une fonction telle que l'entropie[112]. Ne pourrait-il en être de même pour la fonction d'onde ? Au lieu de considérer que celle-ci décrit l'état d'un individu donné, ne faut-il pas penser qu'il s'agit plutôt d'une valeur moyenne portant sur une population importante ? *Prenons par exemple un gramme de radium. Nous savons que la moitié se désintégrera en 1600 ans et que l'autre moitié se conservera. Nous pouvons prédire approximativement combien d'atomes se désintégreront dans la prochaine demi-heure, mais nous ne pouvons pas dire, même dans nos descriptions théoriques, pourquoi justement ces atomes particuliers sont condamnés. D'a-*

près notre connaissance actuelle, nous n'avons aucun pouvoir de désigner les atomes individuels qui devront disparaître. Nous savons que le sort d'un atome ne dépend pas de son âge, mais il n'y a pas la moindre trace d'une loi régissant son comportement individuel[43].

— Vous voulez dire que la théorie quantique opère avec un succès splendide parce qu'elle traite de phénomènes qui portent sur des populations importantes et non sur des individus isolés ?

— Oui, car ses lois ont *un caractère statistique, ce qui signifie qu'elles ne concernent pas un système individuel mais un ensemble de systèmes identiques. Elles ne peuvent pas être vérifiées par la mesure d'un système donné, mais par une série de mesures répétées*[43]. Et j'ajouterai que *le caractère statistique de la théorie actuelle est tout simplement conditionné par le choix d'une description incomplète*[88].

LA BULLE D'ACCÉLÉRATION

Onze heures sonnèrent au clocher du village le plus proche. Les chats ne donnaient plus signe de vie. On entendait seulement le bruissement des feuilles dans l'air du soir. Comme une certaine fraîcheur commençait à se faire sentir, nous rentrâmes au salon.

— Votre explication statistique est intéressante, dis-je à mon visiteur. Mais comment expliquer dans ce contexte les phénomènes quantiques individuels ?

— *Y a-t-il réellement un physicien qui croie que nous n'arriverons jamais à nous faire une idée de ces changements importants dans les systèmes individuels, de leur structure et de leurs connexions causales, et cela malgré le fait que ces processus individuels nous sont devenus si proches grâce aux merveilleuses inventions de la chambre de Wilson et du compteur Geiger*[105] *? Croire cela est sans contredit logiquement possible, mais c'est tellement contraire à mon instinct scientifique que je ne peux renoncer à la recherche d'une manière de voir plus complète*[18].

— Comment expliquer par exemple les expériences dites à un seul photon[90], dont on a parlé tout à l'heure ?

— Par la relativité !

— Je ne vois pas très bien le rapport, avouai-je un peu surpris. Je savais que la relativité était source de nombreux paradoxes, comme par exemple celui des jumeaux[3]...

— Mais, à la différence des paradoxes de la mécanique quantique, ceux de la relativité ont tous été entièrement expliqués, dans le cadre même de la théorie, et ils sont venus au contraire renforcer cette théorie.

« Inquantation » (d'après une gravure de Jean Lepautre)

— Et vous voudriez dire que la mécanique quantique ne serait qu'un paradoxe relativiste de plus ?

— Je crois tout au moins qu'il s'agit d'une possibilité qui ne doit pas être exclue *a priori*. N'oublions pas que $E = mc^2$ est au cœur de la matière !

— De Broglie s'en est souvenu pour établir sa fameuse relation[77].

— Il faudra bien un jour unifier les deux théories. Pourquoi ne pas partir alors de la relativité dont les fondements sont plus assurés, comme on l'a vu[113] ? Et c'est la seule façon de revenir à une description réaliste du monde atomique. *Nous sommes encore loin de posséder une théorie rationnelle de la lumière et de la matière qui soit en accord avec les faits ! Je pense que seule une spéculation hardie est à même de nous faire progresser, et non pas une accumulation d'expériences. Du matériel empirique incompréhensible, nous en avons plus qu'il n'en faut*[88].

Ce fut pourtant une nouvelle expérience qu'il proposa, mais ne nécessitant ni coûteux détecteur[105] ni gros accélérateur[114], une expérience de pensée comme il les aimait :

— Prenez un pick-up ; c'est dommage que le propriétaire n'en ait pas laissé un, avec quelques bons 78-tours.

— Busch, Cortot, Lenya… quel air voulez-vous jouer ?

— Posez dessus un disque en carton, sur lequel vous avez tracé des secteurs alternativement noirs et blancs. Puis démarrez le tourne-disque en l'éclairant avec une ampoule ordinaire : les secteurs disparaissent pour laisser place à un disque uniformément gris. Remplacez maintenant l'ampoule par une lampe émettant des éclairs à la fréquence du courant alternatif. Vous pouvez alors vérifier qu'il est possible de régler la vitesse de rotation de façon que les secteurs du disque réapparaissent, comme stabilisés sur le pick-up. Cela s'appelle de la stroboscopie. Alors vous allez me dire que, selon l'instrument utilisé pour l'éclairer, le disque apparaît comme gris ou sectorisé : les deux aspects sont complémentaires, aussi vrais l'un que l'autre. Mais il suffit d'arrêter le moteur pour se mettre dans le référentiel du disque et constater qu'il n'existe qu'une seule réalité, celle du disque sectorisé. Ainsi, la complémentarité n'est qu'une conséquence de la superposition d'instants successifs.

— De même, diriez-vous, qu'on ne peut dormir sur ses deux oreilles, mais tantôt sur l'une, tantôt sur l'autre…

— Reprenons notre source de photons émis séparément, continua-t-il, et replaçons-la derrière la plaque percée de deux fentes parallèles. On a dit que si, dans une première expérience, on disposait des détecteurs en face de chacune des deux fentes, on détectait des impulsions anticorrélées, alors que si, dans une seconde expérience, on disposait un écran au-delà de la plaque, on observait la formation d'interférences[90]. On a vu aussi avec quelle aisance le principe de complémentarité se sortait de la difficulté, en affirmant que le rayonnement de la source devait être considéré comme un corpuscule ou bien comme une onde suivant que la plaque était utilisée comme un double diaphragme ou bien comme un interféromètre. Malgré le risque d'être condamné pour hérésie, je vous propose de modifier légèrement ce principe et de déclarer que le rayonnement présente alternativement les propriétés « onde » et « corpuscule », mais qu'il passe de l'état possédant la première propriété à celui possédant la seconde avec une rapidité telle que nos compteurs[105], qui ne permettent d'obtenir que des valeurs moyennes portant sur un grand nombre d'événements pendant une durée de l'ordre de la seconde, ne peuvent pas suivre ces variations d'état et ne sont capables que d'enregistrer l'un ou l'autre de ces deux états, suivant le dispositif de mesure utilisé.

— Fort ingénieux ! Peut-on savoir si vous adoptez une description corpusculaire ou ondulatoire ?

— Ondulatoire, bien sûr, ce qui me permet de caractériser chacun des deux états, d'une part par l'angle d'ouverture du faisceau émis et d'autre part par la densité maximale d'énergie émise par unité d'angle solide. Pour que la succession très rapide de ces états produise, par intégration des comptages, les résultats des deux types d'expérience, il faut deux choses. Premièrement, dans son état « onde », le rayonnement doit être émis avec une large ouverture, donc une faible densité ; ainsi le faisceau a une forte probabilité pour traverser à la fois les deux fentes et provoquer les interférences de la seconde expérience, mais la densité est trop faible pour déclencher les compteurs de la première expérience. Deuxièmement, dans son état « corpuscule », le rayonnement doit être émis avec une très faible ouverture, donc une très forte densité ; ainsi le pinceau a une très faible probabilité pour traverser à la fois les deux fentes et provoquer les interférences de la seconde expérience, mais la probabilité est un peu plus grande pour qu'il traverse au moins l'une des fentes et sa densité est alors suffisante pour déclencher le seul détecteur qu'il trouve en face de lui lors de la première expérience. Vous voyez qu'une telle description explique simplement aussi bien l'anticorrélation des comptages de la première expérience que les interférences de la seconde[115].

— Et où allez-vous trouver dans la nature un tel rayonnement à géométrie variable ?

— Vous savez que, dans la théorie classique, la principale source de rayonnement électromagnétique est fournie par l'accélération d'une charge. Il va donc me suffire de considérer un électron qui est accéléré. Tant que sa vitesse est bien inférieure à celle de la lumière, il émet selon deux lobes de large ouverture, situés de part et d'autre de sa trajectoire. Par contre, lorsque sa vitesse devient relativiste, l'ouverture des lobes diminue considérablement pour former deux pinceaux très intenses, qui sont fortement polarisés et viennent pratiquement se confondre vers l'avant de la trajectoire[116]. La succession des états « onde » et « corpuscule » peut donc être facilement obtenue en considérant un électron qui est progressivement accéléré jusqu'à une vitesse proche de celle de la lumière, avant d'être brutalement freiné. Et la source utilisée dans les expériences précédentes est constituée d'un grand nombre d'électrons qui sont ainsi excités, de façon aléatoire. Vous voyez que, dans cette perspective, l'aspect corpusculaire de la lumière apparaît comme une simple conséquence de la relativité.

Je ne m'attendais pas à une telle démonstration et il me fallut quelque temps pour demander :

— Votre astuce relativiste marche-t-elle encore lorsque vous remplacez le photon par un électron ? Car il ne faut pas oublier que le principe de complémentarité explique aussi bien l'aspect corpusculaire de la lumière que l'aspect ondulatoire de la matière. Alors, pouvez-vous expliquer aussi l'interférence d'un électron avec lui-même[77] ?

— Il me faut revenir au point de départ, $E = h\nu$, la relation par laquelle le scandale est arrivé. De nombreuses tentatives ont été faites pour éviter cette discontinuité choquante[67]. En 1916, Nernst retrouva la même distribution que Planck en supposant qu'il existait dans le corps noir deux catégories d'oscillateurs, départagés par un certain seuil d'énergie ε dépendant de la fréquence[117] : il a posé qu'un oscillateur de fréquence ν a des mouvements ordonnés si son énergie E est inférieure à ε et des mouvements chaotiques si elle est supérieure à ce seuil. Ainsi la discontinuité quantique résulterait non plus d'une discrétisation, mais d'un effet de seuil moins choquant. Trois hypothèses lui sont alors nécessaires pour retrouver classiquement la distribution de Planck : premièrement, il existe un seuil d'énergie départageant les oscillateurs de fréquence ν, dont le niveau est égal à $h\nu$; deuxièmement, seuls les oscillateurs d'énergie supérieure au seuil sont « actifs » ; et troisièmement, seule la partie de leur énergie qui est supérieure à l'énergie des oscillateurs d'énergie inférieure est « disponible ».

— Si la première hypothèse peut sembler *ad hoc*...

— Pas plus, rétorqua-t-il, que celle de Planck...

— Les deux dernières sont un peu bizarres, n'est-il pas ?

— Nernst avançait que seule l'énergie des oscillateurs chaotiques était visible. Mais l'explication pouvait sembler quelque peu contournée et la difficulté de faire découler simplement les deux dernières hypothèses a conduit à l'abandon de la tentative.

— Nous ne sommes donc pas beaucoup plus avancés.

— Je ne suis pas sûr que la relativité puisse expliquer tous les mystères de la théologie quantique, mais je pense qu'on est encore loin d'en avoir exploité toutes les possibilités. Elle a déjà permis de mieux comprendre la dynamique des fortes vitesses[3], il reste à découvrir la dynamique des fortes accélérations[118], qui pourrait bien être au cœur de notre problème, comme le suggérait Nernst.

— Encore lui !

— On lui a reproché beaucoup de choses, comme d'utiliser l'argent de son prix Nobel pour entretenir des boîtes de nuit. C'est *un personnage certes égocentrique et d'une fatuité parfois un peu puérile*[119], mais il fut le véritable instigateur du premier congrès Solvay. Et c'est à cette occasion qu'il dit : « Peut-être pourra-t-on un jour remplacer le procédé de calcul que nous a donné la théorie des quanta, si féconde en succès, par une autre conception et revenir ainsi à la notion des changements d'énergie par voie continue dans les oscillations atomiques ; par exemple en modifiant la mécanique pure pour les cas extrêmes qui se réalisent dans les mouvements atomiques (fréquences de billions de tours par seconde)[120]. »

— Voyons donc ce que la relativité peut ajouter à ces idées un peu vagues.

— Vous savez qu'une vive polémique opposa en 1914 Einstein et Planck, pour décider si la physique la plus simple devait considérer comme fondamental le mouvement accéléré, ainsi que le premier en avait acquis la conviction, ou le mouvement non accéléré, comme le soutenait le second. Or l'accélération est à l'origine du rayonnement, quand elle est appliquée à une charge, et à l'origine de l'inertie, quand elle est appliquée à une masse.

— Il est évident, dus-je convenir, qu'une particule comme l'électron subit des accélérations énormes à l'intérieur de l'atome quand il tourne ou qu'il vibre.

— Déjà à la fin du XVIIIe siècle, Laplace avait combiné le fait que la vitesse de la lumière n'était pas infinie avec l'idée de vitesse de libération issue de la mécanique newtonienne ; il en avait tiré l'existence possible de corps obscurs, « peut-être en aussi grand nombre que les étoiles[121] ». Le calcul est simple[122] : aucune lumière ne peut sortir d'une bulle, dont le rayon est proportionnel à la masse du corps et qui constitue en quelque sorte son horizon[25] ; pour qu'un observateur puisse la recevoir, il faut qu'il soit lui-même à l'intérieur de la bulle.

— Je connais bien ce problème et il est assez remarquable que les calculs faits dans le cadre de la relativité générale confirment parfaitement ce résultat newtonien.

— Mais avec le principe d'équivalence, la relativité a introduit une donnée importante : aucune expérience ne permet de distinguer localement un champ des forces d'inertie dû à un mouvement accéléré de celui dû à la gravitation[44]. Regardez par exemple ces manèges qu'on appelle « Tornado », où les gens sont plaqués contre la paroi cylindrique par la force centrifuge ; c'est comme s'ils étaient attirés vers l'extérieur par une force de gravitation. On peut imaginer un manège infernal, dont le rayon R

serait tel que la vitesse atteindrait celle de la lumière à la périphérie[47] ; l'accélération subie par les passagers serait alors égale à c^2/R. Si on regarde le manège de l'extérieur, la contraction des longueurs et la dilatation des durées[3] feraient que son horizon[25] se refermerait pour l'observateur et le temps stagnerait, comme pour le corps obscur précédent : le fameux cône de lumière s'est alors mué en un cylindre de lumière. Or il est probable qu'il existe de tels manèges à l'intérieur de l'atome : pour une particule chargée qui subirait l'accélération a, son rayonnement[116] resterait enfermé dans une bulle de rayon c^2/a et aucune lumière ne pourrait nous en parvenir, à moins que nous soyons nous-mêmes à l'intérieur de la bulle.

— Pour le vérifier, proposai-je, transformons-nous en électrons et faisons un tour de manège…

— Plutôt de balançoire, si vous le voulez bien ! Et le problème n'est pas très éloigné de celui du jumeau qui rentre à la maison[3]. Prenons l'un de ces oscillateurs à l'intérieur du corps noir : il atteint son accélération maximale aux extrémités de son élongation et rayonne alors dans la zone limitée par son horizon. En général, l'observateur est situé à l'intérieur de cette bulle, mais il n'en est plus de même pour les accélérations extrêmes, dans le domaine des hautes fréquences. Notre oscillateur, situé à la distance d, va donc être soustrait de notre vue quand son accélération dépassera c^2/d, soit une distance de l'ordre du millimètre pour une radiation visible. Or c'est aux maxima d'amplitude que la bouffée de radiation est émise ; elle restera donc confinée tant que l'horizon ne se sera pas élargi assez pour contenir l'observateur. On peut alors représenter le système comme possédant deux niveaux d'énergie départagés par le seuil ε. Miracle ! en posant $\varepsilon = h\nu$, on retrouve la loi de Planck[123]. Et une démonstration du même genre est possible pour l'effet photoélectrique[124].

— Vous en déduisez bien sûr les ondes de matière[125]. Mais il existe un troisième pilier quantique très solide : c'est l'atome de Bohr[79].

Je n'abandonnai pas la partie et je rappelai que, lors d'une séance de la Société littéraire et philosophique de Manchester, Rutherford avait présenté un modèle d'atome avec un minuscule noyau central de charge positive, qui contenait pratiquement toute la masse de l'atome tout en n'en occupant qu'un volume infime, « comme une mouche dans une cathédrale[126] ». Il n'ignorait pourtant pas que, si les électrons gravitaient autour du noyau comme les planètes autour du Soleil, ils s'écraseraient en une fraction de seconde sur le noyau, au terme d'une très brève trajectoire en spirale. Et je triomphai :

— Grave maladie de la physique classique à laquelle son élève Bohr proposa deux ans plus tard un remède quantique.

— Quantique et parfaitement *ad hoc*, déplora-t-il : les électrons occupent des orbites particulières dans lesquelles ils ne rayonnent pas et, s'ils ne rayonnent pas, c'est justement parce qu'ils occupent des orbites particulières…

— Que proposez-vous, insistai-je ?

LA CUISINE

— Réfléchissons un peu. Si un objet n'est pas vu par l'observateur, c'est qu'il est trop petit – comme un microbe –, trop pâle – comme une étoile lointaine – ou qu'il rayonne en dehors du spectre visible – comme du radium ; mais les instruments d'optique permettent à présent de grossir les images et d'exploiter tout le spectre électromagnétique. Et si l'objet reste toujours invisible, ce peut être tout simplement parce qu'il est masqué par un écran, camouflé par un revêtement ou dissimulé derrière un horizon ; mais on dispose heureusement d'autres moyens physiques pour détecter l'intrus, comme par exemple ses effets gravitationnels. À ma connaissance, il n'existe pas de substance qui soit imperméable à la gravitation…

— Sauf la « cavorite[127] » ! Et vous oubliez toutes ces pauvres petites âmes tremblotantes, qui peuplent aussi le monde invisible…

— La porte de l'invisible doit être visible. C'est le brouillard des idées qui bouche l'horizon. Pour le physicien qui refuse le merveilleux, l'invisible et néanmoins grave ne peut être que caché derrière un horizon visible.

— Revenons, dis-je, à notre électron en orbite !

— Je pense qu'il ne rayonne pas tout simplement parce que son rayonnement vers l'observateur est bloqué par l'horizon que provoque son accélération[128]. Un calcul d'ordre de grandeur montre que sa distance d'horizon est de l'ordre des dimensions de l'atome, ce qui masque son rayonnement tant qu'il ne change pas de niveau d'énergie.

— Hum ! admettons que la limitation due à la vitesse de la lumière puisse ainsi remplacer les quanta, mais j'attends une démonstration plus élaborée. Il est un peu tard pour que je discute votre raisonnement et il faudra me laisser le temps d'y réfléchir. Vous devez être fatigué et je crois qu'il serait plus sage que nous allions nous coucher.

— Il ne faut prendre tout cela, s'excusa-t-il, que comme de simples pensées de cuisine pour une ultime tentative de « déquantation ». Vous avez entendu parler des mesures astronomiques faites par Zwicky dans l'amas de Coma[129] ?

J'avais lu en effet son article, deux ans plus tôt :

— Oui, dis-je, dans la chevelure de Bérénice.

— Il a mis en évidence une importante différence entre masse dynamique et masse lumineuse. Mais cette différence pourrait fort bien s'expliquer là aussi par la formation d'un horizon[25], la grande distance venant ici compenser la faible accélération.

— S'il y avait une masse invisible dans le ciel, il me semble qu'elle devrait aussi se manifester au niveau atomique. Je n'ai rien remarqué de tel dans mes mesures.

Je me sens au sujet de cette substance un peu comme Claude Bernard, qui n'avait pas trouvé l'âme sous son scalpel. La cavorite[127] était une invention littéraire. Mais je suis sûr que cette nouvelle invention – une matière qu'on pourrait dire « noire » – va constituer un bon sujet de recherche pour les astrophysiciens à venir !

— Vous savez, continua-t-il, que mon but est d'élaborer *une théorie du champ qui offre une possibilité pour expliquer les propriétés de la matière*[18]. *La théorie de Maxwell, qui décrit de façon adéquate le comportement des particules électriquement chargées lors de leurs interactions mutuelles, n'explique cependant pas le comportement des densités électriques, autrement dit, ne fournit pas une théorie des particules elles-mêmes. Ces dernières doivent être traitées comme des masses ponctuelles dans le cadre de l'ancienne théorie. Il y a une certaine incohérence à vouloir combiner l'idée de champ continu avec celle de points matériels discontinus. Une théorie du champ cohérente exige la continuité de tous ses éléments, non seulement au cours du temps mais également dans l'espace, et en tous les points de l'espace. De ce fait, la particule matérielle n'a pas sa place en tant que concept fondamental au sein d'une théorie du champ*[130]. Avec des équations qui ne seraient pas linéaires, la superposition de deux champs solutions n'est plus elle-même solution et on peut alors s'arranger pour tirer les équations du mouvement de la loi du champ. C'est ce qui se produit avec les équations de la relativité générale, dont on tire en première approximation la loi de Newton. J'ai tenté de poursuivre dans cette voie afin de réduire les sources du champ au champ lui-même : une particule doit être définie comme étant une très petite région de l'espace où le champ prend des valeurs très élevées, mais non infinies ; les propriétés et le mouvement de ces particules seraient alors entièrement contenus dans les équations d'évolution du champ.

— Je crois que, jusqu'ici, toutes les tentatives pour établir une théorie unifiée du champ ont échoué. Ce qui pourrait par contre bientôt réussir, c'est la libération de l'énergie du noyau. Szilard est sûrement venu vous voir pour vous entretenir de cette possibilité, à une beaucoup plus grande échelle que lors d'une annihilation[47].

— Oui, la libération par une réaction en chaîne, si on arrivait toutefois à découvrir un élément capable de rejeter deux neutrons après en avoir absorbé un[131]. Longtemps, j'ai pensé qu'*obtenir une fission de l'atome par un bombardement serait un peu comme tirer sur des oiseaux dans l'obscurité... dans une région où il n'y a pas beaucoup d'oiseaux*[132].

— Szilard a dû vous dire combien il craignait qu'une telle découverte fût dangereuse pour l'humanité si elle était mise au service d'une puissance telle que le Troisième Reich. Et il vous a probablement exhorté à ne plus rien publier sur le sujet.

— Je l'ai rencontré il y a un mois et son propos m'a d'autant plus frappé que Langevin m'avait confié peu de temps auparavant : « Hitler se cassera le cou un jour ou l'autre, comme tous les tyrans. Il y a quelque chose qui m'inquiète bien davantage, une chose qui mettrait le monde en péril bien plus que ce bouffon éphémère, si elle tombait entre des mains malhonnêtes et dont, contrairement à Hitler, nous ne pourrions plus nous débarrasser : le neutron[133]. » Il ne faut malheureusement pas exclure que nos anciens collègues allemands donnent un jour le neutron comme marotte à ce bouffon.

Il secoua sa pipe dans le cendrier. Prenant son violon qui était posé sur un guéridon, il joua le premier mouvement d'une sonate de Mozart, avec virtuosité. Puis nous montâmes nous coucher.

La cuisine du physicien théoricien

UN MONDE INSENSÉ

La foi meurt, la science est un sombre embarras.
Que gagneras-tu donc quand tu réussiras
À jeter des clartés farouches dans le vide ?

Victor Hugo (*Dieu*)

LE RÊVE

J'étais déjà dans la cuisine en train de préparer le petit déjeuner, quand je vis mon visiteur qui descendait l'escalier. Je lui demandai si toutes ces histoires de chat empoisonné ne l'avaient pas empêché de dormir.

— Je ne pense pas qu'il y ait un rapport, me répondit-il, mais j'ai fait néanmoins un rêve bizarre : je me suis retrouvé au centre d'une assemblée en pleine Afrique noire. Peut-être est-ce parce qu'il avait été question de l'Abyssinie dans le journal[134]...

— Et de corps noirs dans nos discussions...

— Toujours est-il que des coups de tam-tam emplissaient la nuit et, de toutes les cases, les indigènes sortaient en poussant des cris stridents. Quelques instants plus tard, tout le monde était rassemblé autour d'une lanterne où brûlait un feu de branchages. Zso Zso Gobar, le chef de la tribu, s'accroupit à côté de la lanterne, tandis que s'ordonnait autour de lui une danse religieuse ; et, chaque fois que les danseurs passaient devant le feu, leurs ombres s'allongeaient démesurément pour se perdre dans l'épaisseur de la nuit. Leurs chants et leurs danses étaient rythmés lentement au son de trois tambours que frappaient les musiciens avec l'extrémité d'une baguette recourbée. De temps à autre, l'un des participants quittait la ronde pour venir s'agenouiller devant la lanterne, puis il regagnait sa place. Brusquement, joueurs de tam-tam et de tambour frappèrent leurs instruments à coups redoublés. Une vieille femme, qui avait esquissé jusque-là quelques pas de danse, sembla saisie d'une crise d'épilepsie. Les regards des assistants se tournèrent vers l'une des cases qui bordaient la place : un homme venait d'apparaître sur son seuil, portant dans les bras une grosse pipe d'aspect goudronneux, mesurant environ un mètre de long.

— Comment rêver d'une telle pipe ?

— Avec de multiples précautions, le sorcier s'avança jusqu'au milieu de la place et posa la pipe-fétiche à côté de la lanterne, tandis que Zso Zso Gobar prononçait une suite d'invocations auxquelles répondait chaque fois un coup de tambour. Puis le chef de la tribu emplit le fourneau de la pipe avec un tabac que lui avait apporté le sorcier ; il l'alluma au feu de la lanterne et commença à en tirer de larges bouffées. Tout autour, la ronde se disloquait et chacun exécutait son numéro à tour de rôle : bonds échevelés ou danses lentes et déhanchées. Une femme se prosterna. Les cris des vieux initiés, mêlés à la musique qui se déchaînait, composaient un vacarme étourdissant.

— Peut-on continuer à dormir dans de telles conditions ?

— Lorsque la pipe fut vidée de ses cendres, une étrange procession s'organisa. Des jeunes gens s'avancèrent lentement tout en dansant. Parvenus sur la place, ils se dirigèrent vers chacun des vieux initiés, dont ils soulevaient les bras en signe de déférence et d'hommage. Puis ils ramassèrent les cendres et, accompagnés de jeunes filles aux seins magnifiques, ils les portèrent vers la rizière pour remercier les forces de la nature qui avaient fourni une moisson abondante. Aux premières lueurs de l'aube, chacun rentra chez soi pour se désaltérer et soutenir l'excitation avec de la bière de mil. Le vieux Zso Zso Gobar m'entraîna dans sa case et me demanda : « Tu crois au feu ? » « Ah certes ! oui, oui, je crois au feu », lui répondis-je. « Moi aussi. Ça explique bien des choses, le feu ! » « C'est-à-dire que ça explique à peu près tout. » « On doit bien convenir qu'on ne peut guère expliquer la fumée autrement. » Et c'est ainsi qu'au dixième verre de bière, nous tombâmes d'accord sur l'existence du feu et sur l'immortalité de la fumée.

— Ce qui montre bien les risques de la boisson.

— Mais un bruit énorme se produisit. Un éléphant…

— « Donnez-moi cent paramètres, dis-je en citant Hadamard, et je vous ferai un éléphant. Donnez-m'en un cent-unième et je lui ferai remuer la queue[135] ! »

— Mon rêve avait juste assez de paramètres pour que le mammifère en question écrasât la lanterne et éparpillât la braise, éteignant ainsi l'espoir de tout un peuple. Le sorcier, un nommé Zarou Thastra, se précipita alors dans la case de Zso Zso Gobar en criant « Feu est mort, Feu est mort » et, m'apercevant, il s'élança sur moi un couteau à la main, en vociférant « out, out, brief candle ! ». Du Shakespeare dans la bouche d'un sorcier noir, c'en était trop et je me suis réveillé en sursaut.

— Notre repas avait pourtant été léger hier soir.

— Il existe une forme de raisonnement qui est propre aux ténèbres : ce qui est impensable de jour peut s'imposer avec force comme une évidence en pleine nuit. Tout à coup, notre conscience devient réceptive à une nouvelle vérité, qui lui est révélée, et elle s'en trouve véritablement illuminée. La plupart du temps, cette illumination est de courte durée ; il suffit que le cerveau reprenne ses habitudes de pensée. On cherche alors à s'expliquer comment cette idée a pu s'exprimer si nettement dans le rêve, on essaie de s'analyser. Et, presque toujours, on se rend compte que cette idée traduit le souci, l'inquiétude causée par de précédentes réflexions. Elle est un espoir qui veut résoudre les questions embarrassantes ; elle est une réponse aux interrogations angoissantes ; elle est une solution apportée aux grands problèmes insolubles ; elle est une tentative de compréhension à la lueur des aspirations de la nature humaine ; elle est un désir d'échapper à l'absurdité. Souvent aussi, elle est une réminiscence d'anciennes croyances, un reliquat d'une éducation qu'on a reçue dans son enfance et dont on n'a pu entièrement se défaire.

— « On croit les choses parce qu'on a été conditionné à les croire[136] », hasardai-je, et on y croit d'autant plus facilement qu'elles flattent notre tendance anthropocentriste.

— Un monde qu'on peut expliquer, même avec de mauvaises raisons, est un monde familier. Une existence qu'on peut justifier, même avec de fausses espérances, est une existence vivable. L'homme a besoin de créer une divinité à son image, pour que le silence des espaces infinis lui semble moins effrayant, et il a besoin de se trouver une vocation, pour que tant de souffrances ne soient pas inutiles. À chaque instant, il est prêt à abdiquer le principe de causalité pour céder aux délices de la finalité ; il accepte de renoncer à sa raison, à sa liberté, à ses responsabilités pour s'évader et oublier dans le rêve. Mais, à la différence du monde borné de la raison, celui du fantastique est infini, sans horizon[137]. C'est le moyen qui s'offre à l'homme de s'évader hors des contraintes familières et des explications naturelles. C'est le passage d'un monde régi par les lois de la physique au domaine de l'imaginaire où tout devient possible : une nature physique réenchantée[138], un au-delà existentiel édénique, un âge d'or politique utopique.

— « Platon rêve l'Atlantide, Dante le Paradis, Milton l'Éden, Thomas Morus la Cité Utopia[139] »…

— Et Bohr la complémentarité !

— Quand le songe devient mensonge, « il faut, dit le poète, que le songeur soit plus fort que le songe[139]. »

Le café était passé, les grillées un peu brûlées. Nous sortîmes pour prendre le petit déjeuner sur la terrasse, au soleil.

L'ABSURDE

— En somme, vous voulez dire que, ce qui gâte tout, c'est que l'observateur, si cher au physicien, est aussi et surtout une créature morale.

— L'absurde, me dit-il, n'est pas dans l'observateur ni dans le monde ; il est dans leur présence commune et dans l'incapacité de l'observateur à comprendre complètement le monde où il se trouve.

— C'est votre théorème d'incomplétude[7] ?

— Quand la raison lucide atteint ses limites, elle est placée devant l'alternative suivante : soit elle se rend et c'est l'acte de foi, soit elle campe sur ses positions et c'est l'absurde. Or je ne peux m'empêcher d'exercer ma raison sur les piètres matériaux dont je dispose et je suis bien obligé de souscrire à l'apparence de mortalité ; je pense que la mort est bien la mort et n'en appelle à aucune réalité cachée. Sachant de plus que – comme toute charge[140] – la conscience ne peut exister indépendamment d'un substrat matériel, je refuse d'accorder l'immortalité à l'être humain et je considère que son âme meurt en même temps que son corps. Ainsi l'acte de foi m'est interdit et je me retrouve tout nu pour affronter les grandes questions métaphysiques, auxquelles je ne saurai jamais répondre.

— C'est pourtant bien dans cette situation que l'idée de Dieu vous serait utile !

— Peut-être est-ce en effet la théorie unitaire dont j'ai toujours rêvé mais, s'il fallait vraiment adorer quelque chose, je crois qu'il vaudrait encore mieux admirer l'Univers, dans son essence continue et dans son existence multiforme. Malheureusement, cet univers admirable est aussi un monde de souffrance et voilà l'objet de la révolte d'Ivan Karamazov : « Je ne veux pas que mon corps, avec ses souffrances et ses fautes, serve uniquement à fumer l'harmonie future, à l'intention de je ne sais qui. [...] C'est par amour pour l'humanité que je ne veux pas de cette harmonie. Je préfère garder mes souffrances non rachetées et mon indignation persistante, même si j'avais tort[141] ! »

C'est une citation où Ivan dit aussi : « Si tous doivent souffrir afin de concourir par leur souffrance à l'harmonie éternelle, quel est le rôle des enfants ? [...] Je comprends bien la solidarité du péché et du châtiment, mais elle ne peut s'appliquer aux petits innocents et, si vraiment ils sont solidaires des méfaits de leurs pères, c'est une vérité qui n'est pas de ce monde et que je ne comprends pas[141]. » Je me rappelai que, de son premier mariage, il avait perdu un jeune enfant dans des conditions assez dramatiques et je voulus savoir jusqu'où il avait poussé sa réflexion.

— Votre constat ne peut conduire qu'à une seule issue : le suicide. C'est le seul moyen d'échapper à l'indifférence de l'univers et à son absurdité.

— C'est en effet le seul moyen de le nier en se niant soi-même. Rares sont ceux qui, à un moment ou à un autre de leur existence, n'ont pas songé au suicide. Il y a trop de faits qui conduisent à y penser : la lassitude d'une vie machinale, le sentiment de l'irréversibilité du temps[112], l'inhumanité d'une pierre, d'un paysage, de l'homme même, de notre propre image, la sensation d'entendre sa voix, l'impression de se sentir étranger dans un monde qu'on ne comprend pas, l'inutilité devant la mort, le caractère révoltant de la souffrance, surtout quand il s'agit d'un innocent... Chaque homme a le choix entre autant de motifs. Cette angoisse devant le néant, cette révolte devant le mal, cette confrontation entre le silence de l'univers et le désir humain de compréhension, cette contradiction entre la froide causalité scientifique et l'espoir d'une finalité ancrée au plus profond de chaque individu, voilà ce qui peut donner l'idée de se tuer. Ne possédant plus aucune raison de vivre et ayant reconnu le caractère dérisoire de l'habitude de vivre, l'homme ne doit-il pas en effet achever sa révolte en échappant à l'indifférence de l'univers par le suicide ?

Ces mots, que mon interlocuteur utilisait, me rappelaient un épisode que j'avais vécu lors de la Grande Guerre :

— Vous me remettez en mémoire quelques-unes des réflexions que j'avais notées après avoir passé la nuit à monter la garde sur le front de Champagne, en 1915. Il tombait une pluie battante. Mon imperméable était complètement transpercé et les jambes de mon treillis me collaient à la peau. Peu à peu, l'humidité remontait et me faisait frissonner. On m'avait placé en surveillance sur un pont et, fusil à la main, ma mission était d'arrêter tout ce qui pouvait paraître suspect. Posté à onze heures, j'aurais dû être relevé à deux heures du matin. Et la pluie tombait toujours et martelait mon casque. Le cuir de mes brodequins s'imbibait lentement. Mes mains, crispées sur le chargeur et sur la détente, étaient frigorifiées. À quatre heures, la pluie cessa. La nuit était absolument noire…

— Vous n'aviez pas encore entendu parler du paradoxe d'Olbers[142] ?

— D'un noir épais qu'on aurait cru pouvoir palper et que je respirais comme un brouillard. Cette nuit sans lune et sans étoile me détachait de toutes les créations de la civilisation. Il n'y avait plus de pont, plus de route. J'étais seul au milieu de l'obscurité de cette nature qui me submergeait. Je n'avais même pas l'infini du ciel pour rêver. Je ressentais seulement l'âpreté de la peur, celle qui dut étreindre les premiers êtres pensants. Tout était hostile dans cette nature inconnue qui m'environnait jusqu'à m'étouffer.

— Les champs de bataille constituent les meilleurs champs d'expérimentation pour l'absurdité du monde !

— À sept heures, le jour commençait timidement à poindre lorsque les phares d'un camion percèrent l'obscurité et s'arrêtèrent sur le pont : c'était enfin la relève. Je grimpai dans le camion. J'étais content de retrouver quelques-unes des têtes familières et sympathiques de ma section. Le camion démarra ; il nous reconduisait au camp. Les premiers rayons du soleil entraient par l'arrière et venaient éclairer durement toutes ces têtes. Ces longues heures de garde les avaient marquées. Elles n'aspiraient plus qu'au sommeil. Elles auraient voulu s'abandonner, puis elles se reprenaient comme si elles se sentaient surveillées. Elles se laissaient ballotter au gré des cahots. Les yeux étaient cernés, les regards se perdaient dans le vide. Nous étions fatigués. Mais nous ne voulions pas le faire remarquer. Nous nous redressions et nous nous taisions, par fierté, par intérêt de ne pas avouer une faiblesse. Nous refusions la pitié. Tous ces visages aux traits déjà si accusés, ces fronts déjà ridés, ces dents qui faisaient déjà découvrir le squelette, toutes ces têtes me semblèrent déjà si vieilles ! Elles étaient marquées pour la vie, avec leurs tics et leurs cicatrices. Et je dois avouer que, tout à coup, j'ai eu peur de vieillir.

— L'idée de vieillir serait supportable, s'il n'y avait la hantise de la déchéance.

— J'étais crotté, fourbu, balafré. J'avais les lèvres coupées et le sang emplissait ma bouche d'un goût âcre. Mes mains avaient été éraflées quand j'avais dû me dissimuler dans les ronces du fossé ; elles sentaient les conserves de pilchard et la poudre. Je les contemplai un moment, ces mains qui pourraient déclencher la mort ou bien se crisper en un dernier effort sur le fusil, ces mains qui auraient pu interpréter Bach ou Chopin, ces mains qui répéteraient jour après jour les mêmes gestes las, avant de se recroqueviller un dernier jour. Brutalement, j'ai eu la vision d'un camion de squelettes conduit vers l'inconnu. Tous, nous avions fait notre devoir. Peu à peu, le travail quotidien nous avait enterrés. Nous retournions d'où nous étions venus. Nous roulions vers l'harmonie. L'harmonie de l'univers est celle des cimetières. Je le savais et j'avais peur de mourir.

— *C'est malgré tout*, observa-t-il avec un hochement de tête, *une belle chose que notre vie individuelle ait une fin avec tous ses problèmes et ses tensions. L'instinct repousse cette solution et la raison donne son accord. Ceux qui ont inventé la croyance à une vie individuelle après la mort ont dû être des gens misérables*[88] *!* Seuls les atomes de notre corps ont quelque chose d'éternel : ils ont été forgés dans la chaudière solaire et revivront peut-être à travers d'autres existences.

— Mais j'étais encore jeune. Ce n'était plus l'hostilité du monde que je redoutais, c'était son indifférence. J'allais vieillir, j'allais souffrir, j'allais mourir et personne ne s'en souciait. Un mort de plus ou de moins dans cette immense boucherie, le sort de la bataille n'en serait pas modifié. J'étais seul avec mon angoisse et je serai seul avec la mort. Je regardais la route déjà sèche qui s'éloignait derrière le camion. La poussière volait sous les roues et formait une nuée qui resplendissait dans le soleil et voilait l'horizon. Ma mission était remplie. Je rentrais au camp, en attendant de nouveaux ordres, en attendant l'incertaine Victoire, en attendant ma très certaine défaite.

— Et, sur leurs ceinturons, était écrit « Gott mit uns »…

La foi

Après cette belle démonstration d'optimisme collectif, je résumai pour mon visiteur :

— Une première tentative d'explication du monde a été de dire que les choses sont destinées à être telles qu'elles sont : leur existence résulte d'un dessein, de la volonté d'un démiurge qu'il est prudent d'honorer. Une autre possibilité consiste à dire que les choses ne sont que le fruit du hasard ; il se trouve simplement qu'elles ont pris leur configuration particulière plutôt qu'une autre, moins probable, et on est seulement là pour les contempler. Quant au physicien, il a toujours espéré que les lois de la nature étaient inévitables, c'est-à-dire que les choses sont telles qu'elles sont parce qu'il est impossible qu'elles soient autrement…

— Mais, coupa-t-il, il n'a jamais réussi à le prouver !

— Ne croyez-vous pas que, encore une fois, nous cédons à l'attrait de l'absolu ? Comme des enfants, nous voudrions savoir tout, tout de suite. Nous voudrions par exemple connaître à la fois la position et la vitesse de la particule.

— Il est vrai qu'un tel désir de perfection, si jamais il était exaucé, tuerait tout le plaisir de la recherche…

— Le Talmud nous a pourtant mis en garde : « Celui qui se demande ce qu'il y a en haut, ce qu'il y a en bas, ce qu'il y avait avant, ce qu'il y aura après, mieux vaudrait pour lui n'avoir pas été créé. »

— Nous avons choisi comme principale raison de vivre la recherche de la vérité. *La recherche à tâtons, durant des années, d'une vérité dont on ressent l'existence sans pouvoir l'exprimer, le désir intense et les alternances de confiance et de doute jusqu'à ce qu'on parvienne à la clarté et à la compréhension, on ne peut comprendre cela si on ne l'a vécu*[143].

— Certaines questions sur la nature et sur notre condition d'observateur resteront pourtant à jamais en dehors du domaine de la science.

— Heureusement, ces apories continueront longtemps à faire les délices des philosophes ! « Contentons-nous d'avouer que la nature a des ressources que nous ne connaissons pas ; mais ne substituons jamais des fantômes, des fictions ou des mots vides de sens aux causes qui nous échappent[144]. »

Et, citant une maxime de Lessing qu'il affectionnait :

— Par bonheur, *la recherche de la vérité est plus précieuse que sa possession*[13] ; en courant éperdument après, on oublie qu'elle ne peut apporter les réponses apaisantes. *Nous sommes comme de jeunes enfants qui pénétrons dans une immense bibliothèque, remplie de livres écrits en de nombreuses langues. L'enfant soupçonne vaguement l'existence d'un ordre mystérieux, mais ne comprend pas les langues dans lesquelles les livres sont écrits. Nous voyons un Univers merveilleusement arrangé et qui obéit à certaines lois, mais nous comprenons seulement vaguement ces lois. Nos esprits limités ne peuvent appréhender la force mystérieuse qui meut les constellations*[145]. *Il est certain qu'à la base de tout travail scientifique un peu délicat on trouve une conviction que le monde est fondé sur la raison et peut être compris*[146]. On ne peut s'empêcher de comparer cette certitude au sentiment religieux et de penser qu'il s'agit d'un véritable acte de foi…

— De même qu'on ne peut s'empêcher de rapprocher l'illumination du découvreur avec la révélation du croyant.

— *La plus belle émotion que nous puissions éprouver est l'émotion mystique. C'est là le germe de tout art et de toute science véritables. Celui à qui ce sentiment demeure étranger, qui n'est plus capable d'étonnement et vit saisi de crainte, celui-là est tout bonnement un mort. Savoir que ce qui nous est impénétrable existe vraiment, et se manifeste comme la plus haute sagesse et la plus rayonnante beauté dont les formes les plus grossières sont seules intelligibles à nos pauvres facultés, cette connaissance, ce sentiment, voilà ce qui est au centre du véritable sentiment religieux. En ce sens, et seulement en ce sens, je me range parmi les hommes profondément religieux*[73].

— Et vous rangez le photon parmi les superstitions !

— Voyez comme vous vous moquez de moi quand je vous dis que j'espère connaître un jour à la fois la position et la vitesse de la particule. Mais c'est peut-être cette foi qui me sauve.

Son visage s'assombrit et il ajouta :

— Vous savez que mon très cher ami Ehrenfest s'est tué, il y a à peine deux ans[147].

— C'est une disparition très triste pour nous tous et très dommageable pour la physique.

— Avez-vous réfléchi que c'était probablement parce que la nouvelle mécanique des quanta lui avait fait perdre la foi en un monde intelligible ? Comment les physiciens, qui comptent pourtant parmi les scientifiques les plus exigeants, pouvaient-ils perdre leur sens critique au point d'admettre des conséquences aussi contraires à toute logique que la complémentarité ou la non-séparabilité ? Dans les dernières années, il se sentait de plus en plus inadapté aux tâches de recherche et cette situation s'est aggravée par suite du développement étrangement tumultueux que la physique théorique a subi. C'est ce qui l'a conduit à la dépression. *Apprendre et enseigner des choses qu'on ne peut pas pleinement accepter dans son cœur est toujours une affaire difficile, doublement difficile pour un esprit fanatiquement honnête, un esprit pour qui la clarté était tout. Je ne sais pas si les gens peuvent pleinement saisir cette tragédie. C'est pourtant cela qui a principalement causé son évasion de la vie*[148].

— Vous oubliez de dire que la situation familiale de notre ami ne fut pas complètement étrangère à son geste[147]. Et le problème est de savoir si nos progrès dans la compréhension du monde ne nous convainquent pas encore mieux de son absurdité. Alors ne faut-il pas croire que l'absurde n'est qu'un sentiment qui, tout comme l'impression de bonheur dont nous avons parlé hier soir[149], doit être dépassé par la raison ?

— Berlioz écrivait peu après la mort de son fils : « L'absurde me paraît l'élément naturel de l'homme, la mort le noble but de sa mission[150]. » Chacun sait que la mort se situe inexorablement à l'horizon de toute existence[137], même si personne n'en a fait l'expérience. Mais, en attendant, il n'est point besoin d'espérer pour réfléchir ni de savoir pour discuter.

Le jeu

— Il n'y a pas que la physique dans la vie ! Il existe heureusement d'autres valeurs qui méritent qu'on s'y intéresse un moment. « Il apparaît clairement, nous dit Nietzsche, que la chose principale au ciel et sur la terre est d'obéir longtemps et dans la même direction : à la longue il en résulte quelque chose pour quoi il vaille la peine de vivre sur cette terre comme par exemple la vertu, l'art, la musique, la danse, la raison, l'esprit, quelque chose qui transfigure, quelque chose de raffiné, de fou ou de divin[151]. »

Il me répliqua avec un éclat de rire :

— Ne voyez-vous pas que votre amour des citations se retourne contre vous ? Car Nietzsche faisait là l'éloge de la monomanie et vous savez bien que, pour nous, c'est la physique !

Puis il reprit :

— Mais je comprends ce qu'il a voulu dire. Il est difficile de se tuer et, lorsque le corps a refusé le suicide, il faut que la raison confirme la décision. Ainsi le choix du corps sera plus facilement accepté et l'esprit de révolte sera apaisé. Il faut donc trouver quelques bonnes raisons de refuser le suicide sans que cela soit par jeu. Ainsi la raison et le corps seront en accord et formeront la seule morale qui soit viable, parce qu'elle sera réaliste et tiendra compte des aspirations de l'une comme des sensations de l'autre. Et chacun est ainsi amené à déterminer ces valeurs qui pourront donner un sens à sa vie. Et pour fermer le cercle, la pratique de ces valeurs apportera tant de plaisir à l'individu qu'il ne songera à s'en écarter : « Les vertus naissent d'une vie heureuse, laquelle à son tour est inséparable des vertus[152]. »

— Plus moderne, Huxley précise que « le secret du bonheur et de la vertu, c'est d'aimer ce qu'on est obligé de faire. [...] Faire aimer aux gens la destination sociale à laquelle ils ne peuvent échapper, tel est le but de tout conditionnement[136] ».

— C'est, dit-il, ce que les régimes totalitaires ont très bien compris.

— Mais, dans une démocratie, notre trop grande liberté n'est limitée que par nos responsabilités.

— Réfléchissons un peu. L'exercice normal des responsabilités suppose une société juste, c'est-à-dire une répartition équitable des biens et du pouvoir. Les hommes ne sont certes pas égaux en facultés. Mais, s'ils naissent égaux en droits, pourquoi cette égalité ne s'applique-t-elle pas d'abord à la répartition des richesses ? Pourquoi ne bénéficient-ils pas au départ de la même aide accordée par la communauté pour leur santé, pour leur éducation, pour leur établissement ? Il est vrai qu'on s'oriente vers la gratuité de l'enseignement et des soins. Pour tous les autres besoins primaires tels que nourriture, habillement et logement, les allocations prévues ne procurent qu'un minimum dérisoire qui ne compense pas la chance – ou la malchance – d'être né dans un milieu riche ou pauvre.

— Voulez-vous tuer les plaisirs de la charité ?

— Si la propriété c'est le vol, explosa-t-il, alors la charité ce serait l'escroquerie ! Ce qui est dû à chacun ne doit pas être déguisé en un don de quelques-uns. Beaucoup de critères ont déjà été proposés pour obtenir une juste répartition des biens : la noblesse pour les aristocrates, l'intelligence pour les libéraux, le travail pour les socialistes, les besoins pour les communistes. Mais ce dernier critère suppose l'avènement d'une société d'abondance et, en attendant, le vrai critère reste encore à notre époque celui de la naissance. Par le jeu de l'argent et de l'héritage, le patrimoine reste aux mains des plus riches, bien décidés à conserver leurs avantages et privilèges.

Je savais qu'il était né dans une famille assez pauvre et que son père avait été emprisonné pour avoir participé à une manifestation ouvrière.

— Vous ne voudriez quand même pas, lui dis-je, supprimer l'héritage ?

— Et pourtant cela permettrait d'attribuer à chaque nouveau-né un capital identique qui serait d'abord géré par les tuteurs sous le contrôle de la communauté et dont il aurait l'usufruit à sa majorité. Les revenus de chaque individu seraient ainsi composés d'une part d'un salaire conforme à la valeur de son travail et d'autre part des intérêts d'autant plus importants que le capital serait mieux utilisé pour le développement de la société. Plusieurs individus pourraient associer leurs capitaux pour former une coopérative. Mais, à chaque génération, les biens ainsi accumulés retourneraient à la communauté ; ce qui n'empêcherait pas les membres de la famille de racheter certains objets ayant surtout valeur de souvenir.

— Et, peu à peu, les classes s'estomperaient…

— *S'il y a quelque chose qui puisse donner à un profane en questions économiques le courage d'exprimer une opinion sur la nature des difficultés angoissantes du temps présent, c'est bien la confusion désespérante des avis des gens compétents*[153]. *On produit pour le profit*, poursuivit-il avec force, *non pour satisfaire les besoins. On ne veille pas à ce que toute la population capable de travailler participe au processus de production. Il y a toujours l'« armée de réserve » des chômeurs. La concurrence effrénée aboutit à un gaspillage démesuré de force de travail et à la mutilation de la composante sociale dans l'équilibre des personnalités individuelles. C'est cette mutilation que je tiens pour le pire des maux dont le capitalisme est l'origine. Un mal qui prospère dès l'école où l'on inculque au jeune individu un esprit de compétition excessif et une admiration pour la réussite sociale, valeurs censées le préparer à sa vie professionnelle future*[154].

— Pour un long temps encore, raillai-je, l'avenir continuera d'appartenir à ceux dont les ouvriers se lèvent tôt !

— Le pouvoir est une propriété qui est accordée par la collectivité et dont les individus n'ont que l'usufruit. Ceci devrait être vrai pour tous les travailleurs d'une même entreprise comme pour tous les citoyens d'un même état. Dans un organisme social, il y a des fonctions à remplir et non des grades à occuper. L'autorité ne s'impose pas, elle n'existe que si elle est reconnue par le groupe. Cette confiance, qui peut être retirée à tout moment en cas d'incompétence, doit donc résulter d'un choix démocratique librement manifesté par tous, et non d'une cooptation toujours discutable car elle est le fait de quelques-uns qui essayent d'annexer les plus intelligents pour survivre. Mais l'élection de responsables sur lesquels on se décharge ensuite ne suffit pas. La vie sociale est faite de conflits d'intérêts particuliers et la reconnaissance du bien commun est rarement évidente. Il faut que les projets qui intéressent le groupe puissent être élaborés et discutés ensemble, dans un débat libre et contradictoire. Il faut qu'ils puissent être appliqués par l'acceptation de la règle démocratique. Ainsi chaque individu se sentirait plus motivé dans son action, ce qui augmenterait sa conscience professionnelle et son civisme. L'intérêt de la tâche remplacerait l'espoir de la promotion. Les travailleurs accepteraient que leurs salaires fussent beaucoup plus uniformes, seulement modulés en fonction de la formation, des nuisances ou des risques consentis. Ainsi, conclut-il d'un ton pénétré, le but du travail ne serait plus son résultat, c'est-à-dire la consommation, mais l'effort, c'est-à-dire la création.

— Et, peu à peu, les dominations s'écrouleraient…

— Cependant, *les minorités dirigeantes détiennent avant tout l'école, la presse et la plupart du temps également les organisations religieuses. Par ces moyens, elles dominent et dirigent les sentiments de la grande masse dont elles font un instrument docile*[155].

— La relativité avait inventé la synchronisation des horloges par la lumière[3], Göbbels a inventé celle des esprits par la TSF[156] !

— Rien ne pourra être fait pour engager la société dans la bonne voie tant que ceux qui détiennent actuellement pouvoir et richesses voudront conserver leurs privilèges par le jeu des combines et des manipulations, tant qu'ils briseront l'opposition en usant de leur situation pour fausser les élections ou déformer les informations, tant qu'ils réprimeront la violence par la force au lieu de s'attaquer à ses causes, c'est-à-dire aux inégalités sociales, aux tâches aliénantes, aux dégradations de l'environnement. C'est contre ces conservateurs que doit s'exercer notre violence.

— Les libertés individuelles risquent d'en souffrir un temps.

— Mais c'est la seule façon de créer un jour une société solidaire où chacun trouverait sa nécessité dans la part de responsabilité qu'il assumerait pour tous, et sa sécurité dans le danger que tous partageraient avec lui.

— Liberté et sécurité, suggérai-je, ne seraient-elles pas deux variables complémentaires ?

— Ah ! je vois, dit-il avec un soupir, que vous ne me prenez pas au sérieux et que vous trouvez toutes ces élucubrations bien utopiques. Ceux qui promettent le bonheur universel sont comme les prêtres avec « l'autre vie »[137]. C'est encore la religion de l'espérance, la vieille chanson dont on a toujours bercé l'humanité. Les événements qui se déroulent actuellement en Union soviétique vous donnent probablement raison[157]. *Il y a toujours eu un contraste bizarre entre mon sentiment passionné de la justice sociale, de la responsabilité sociale, et le fait que je n'ai pas un besoin accentué de contact direct avec d'autres êtres ni avec les communautés humaines. Je suis un vrai voyageur solitaire*[158]. *Tant que j'en aurai la possibilité, je ne résiderai que dans un pays où règneront pour tous les citoyens la liberté de pouvoir exprimer ses convictions politiques, le respect de ces convictions et l'égalité devant la loi*[159].

Jardin public

Il se leva pour enfiler son pardessus. Voulant terminer sur une note d'espoir, je lui fis remarquer qu'il y avait aussi dans la vie des moments de repos et de détente, comme celui que nous avions partagé :

— Il est vrai que notre choix n'est pas toujours imposé par nos responsabilités. Souvent, nous avons la possibilité de préférer pour décider. Il nous faut alors une certaine capacité d'enthousiasme pour secouer notre torpeur existentielle et pour ébranler notre indifférence latente. Nous devons ensuite faire preuve d'assez de curiosité et d'imagination pour trouver l'objet de nos désirs et pour déterminer le but de notre quête. Ce peut n'être qu'une occupation futile, un divertissement éphémère, un simple passe-temps. Mais, avec un peu de persévérance, ce peut devenir un grand dessein, une œuvre, une passion : une monomanie… C'est, conclut-il, le hasard du jeu et de l'amour.

— « La vie n'a qu'un charme vrai : c'est le charme du jeu. Mais s'il est indifférent de gagner ou de perdre[160] ? »

Sur la bordure de la terrasse, deux tourterelles se sont posées. Pendant quelques instants, la première a tourné autour de la seconde. Puis elle a déployé ses plumes en éventail et, vivement, elle est montée sur l'autre. Très vite ensuite, elles se sont séparées et chacune est partie dans sa direction, comme les deux photons d'une même annihilation. Reste-t-il encore, quelque part dans l'espace et le temps, quelque chose de la fonction d'onde qui, un instant, les réunit ?

Le départ

Il était l'heure de partir pour la gare.

Mon visiteur reprit son maigre bagage et le même autocar bringuebalant que la veille nous reconduisit à Remano. Devant la gare, hier encore si calme, des bersagliers s'exerçaient au salut fasciste. Sur le quai, il acheta le journal. Les titres étaient plutôt alarmistes. Les nuages s'amoncelaient sur notre vieille Europe et l'avenir s'annonçait de plus en plus incertain. Avec un geste d'impuissance, il me dit :

— Je crains que les prophéties de Szilard se réalisent plus tôt que prévu et nous, les scientifiques, nous aurons une responsabilité immense dans le désastre qui se prépare[131]. Car le pouvoir sait manipuler les hommes, mais il a besoin des scientifiques pour manipuler la nature.

— Vous pensez par exemple aux gaz de combat, inventés par notre ancien collègue Fritz Haber[161] ?

— Il n'est pas nécessaire de comprendre le fonctionnement d'une machine pour savoir s'en servir. Or la mécanique quantique est une excellente machine, que les militaires sauront vite mettre au service de leurs ambitions.

— Nous vivons une époque où les hommes sont capables de pénétrer les mystères de la matière, alors qu'ils n'arrivent toujours pas à surmonter leurs nationalismes.

— *La science ne peut créer de finalité, ni même en susciter dans le cœur de l'homme ; dans le meilleur des cas, elle peut fournir des moyens pour atteindre des fins. Mais les fins restent une affaire politique*[154]. Et *nous savons assez que la conscience collective est une petite plante misérable qui a coutume de se faner au moment où on en a le plus besoin*[65].

Le train arriva. Il monta dans son compartiment, baissa la glace de la portière et me remercia encore pour ce qu'il qualifia de délicieux entracte.

— Vous avez voulu me faire parler de philosophie et vous y avez réussi. *Il échoit à chacun de nous de prendre parti pour ses bulles de savon*[65]. Mais « l'art de trouver de mauvaises raisons à ce que l'on croit en vertu d'autres mauvaises raisons, c'est cela, la philosophie[136] » !

Je ne devais plus le revoir avant sa mort, vingt ans plus tard. Nous passâmes la guerre dans des conditions acceptables, l'un aux États-Unis, l'autre en Grande-Bretagne. Le téléphone était heureusement moins développé qu'à présent et il me reste le plaisir de relire la correspondance que nous avons échangée pendant toute cette période.

Message du robot martien (d'après un cliché de la NASA)

NOTES ET RÉFÉRENCES

1. P. Feyerabend, *Against Method*, 1975.

2. Les *lois raciales* de Nuremberg datent de septembre 1935 mais, dès le vote des pleins pouvoirs à Hitler en mars 1933, l'accès des juifs à certains postes ou professions a été interdit. C'est ainsi par exemple qu'Einstein, qui était alors en voyage aux États-Unis, décida aussitôt de ne pas rentrer en Allemagne. Born séjourna à Selva Gardena dans la province italienne de Bolzano, avant de rejoindre l'Angleterre.

3. **Relativité restreinte**. D'après le *principe de relativité* posé par Poincaré, aucune expérience de mécanique ou d'optique, effectuée dans le référentiel R', ne permet de mettre en évidence le mouvement de translation uniforme de R' par rapport à un autre référentiel R. En particulier, la vitesse c de la lumière dans le vide doit être la même dans tous les référentiels en translation uniforme, ainsi que l'a posé Einstein en 1905 (en conformité avec le résultat de l'expérience de Michelson en 1881). Il en résulte que deux événements simultanés dans R ne le sont généralement pas dans R'.

Considérons deux observateurs O et O', placés chacun à l'origine de l'un des référentiels R et R' en mouvement uniforme l'un par rapport à l'autre à la vitesse v. Ils règlent leur montre, c'est-à-dire qu'ils synchronisent leurs temps respectifs, de façon que $t = t' = 0$ au moment où ils se croisent en un même point (voir figure à gauche). Au même moment se produit un éclair mais, par suite de la valeur finie c de la vitesse de la lumière, l'observation de cet éclair n'est pas simultanée pour O et O' (voir figure à droite). Le premier observateur voit l'éclair en un point A de son référentiel tel que la distance OA est égale au trajet ct parcouru par la lumière, alors que le second le voit en un point A' dans l'autre référentiel tel que $O'A' = ct'$. Ce qui est conservé d'un référentiel à l'autre n'est plus la distance $(\Delta x^2 + \Delta y^2 + \Delta z^2)^{1/2}$ entre deux points, mais l'intervalle $(\Delta x^2 + \Delta y^2 + \Delta z^2 - c^2\Delta t^2)^{1/2}$ entre deux événements. On retrouve ainsi tout naturellement les *formules de transformation*, qui avaient été introduites de façon *ad hoc* par Lorentz pour rendre compte de la contraction de FitzGerald et qui font intervenir le coefficient $\gamma = 1/(1 - \upsilon^2/c^2)^{1/2}$; pour une vitesse relative petite devant celle de la lumière, $\gamma \approx 1$ et on retombe sur la transformation de Galilée.

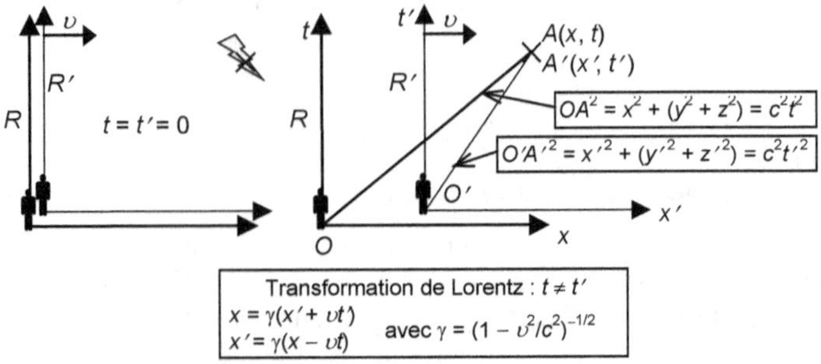

On montre que chaque observateur constate dans l'autre référentiel une *contraction des longueurs* et une *dilatation des durées*, toutes deux d'un facteur γ. Une autre conséquence importante est que, pour que le principe de conservation de la quantité de mouvement reste valable, il faut remplacer la masse m de la particule par γm et son énergie devient $E = (\gamma - 1)\, mc^2$, qui se réduit à $\frac{1}{2}\, m\upsilon^2$ pour de faibles vitesses mais devient infinie pour $\upsilon = c$.

Le *paradoxe des jumeaux* est l'un des plus célèbres paradoxes de cette théorie. Il a été discuté par Langevin en 1911. Considérons deux jumeaux *A* et *B*. *B* se rend sur une planète voisine puis revient. *A*, qui est resté sur Terre, applique la relativité restreinte à ce trajet et, par suite du phénomène de dilatation des durées, il déduit que *B* est à son retour plus jeune que lui. Mais *B*, appliquant le même raisonnement à son frère, trouve le résultat inverse. En réalité, c'est *A* qui a raison car une dissymétrie s'est introduite entre les deux situations, du fait de l'accélération et du freinage de la fusée.

4. R. Descartes, *Discours de la méthode*, 1637.

5. Lord Kelvin a déclaré dans un discours de 1892 : « La physique est définitivement constituée dans ses concepts fondamentaux ; tout ce qu'elle peut désormais apporter, c'est la détermination précise de quelques décimales supplémentaires. Il y a bien deux petits problèmes : celui du résultat négatif de l'expérience de Michelson et celui du corps noir, mais ils seront rapidement résolus et n'altèrent en rien notre confiance. » La théorie de la relativité a apporté une réponse au premier petit problème (voir note 3), celle des quanta une réponse au second petit problème (voir note 67).

6. A. France, discours au banquet des Rabelaisants, 1912.

7. Le *théorème d'incomplétude* fut énoncé par Gödel en 1931.

8. L'intelligent volatile avait remarqué qu'il était nourri tous les jours à 9 heures du matin. Conclusion qui se révéla fausse la veille de Noël.

9. J. Perrin, *Les éléments de la physique*, 1929.

10. P. Duhem, *La théorie physique, son objet, sa structure*, 1906.

11. S. Freud, « Pulsions et destins des pulsions », 1915.

12. K. Popper, *La logique de la découverte scientifique*, 1934.

13. A. Einstein, « Considerations concerning the fundamentals of theoretical physics », 1940.

14. D'après J.-F. Perrin, « Le droit peut-il être perçu dans l'ordre du vrai et du faux ? », 1980.

15. Lady Macbeth, dans *Macbeth* de Shakespeare (1606).

16. D'après A. de Muralt, « Y a-t-il un critère de la vérité ? », 1980.

17. A. Einstein, ouvrage jubilaire de Heike Kamerlingh Onnes, 1923.

18. A. Einstein, « La physique et la réalité », 1936.

19. A. Einstein, lettre à Max Born, 1948.

20. A. Einstein, lettre à Max Brod, 1949.

21. Condamné par le cardinal Robert Bellarmin pour avoir défendu le système copernicien, Giordano Bruno fut brûlé vif à Rome sur le Campo dei Fiori, le 17 février 1600. À la signature du concordat en 1929, le Duce refusa de déplacer la statue de Bruno, dressée en 1900 à l'emplacement du bûcher. Le cardinal fut canonisé en 1930 par le pape Pie XI.

22. **Nature de la lumière**. Dans son *Traité de la lumière* rédigé en 1678, Huygens est parti de la théorie cartésienne pour considérer la lumière comme une onde qui se propage dans un éther constitué de particules en contact. Ainsi la flamme d'une chandelle provoque des percussions entre les particules d'éther, et les chocs se propagent de proche en proche sans qu'il y ait transfert de matière, en formant des ondes sphériques semblables à celles qu'on voit sur l'eau. Chaque particule atteinte par l'onde primaire réémet à son tour une onde sphérique et le front d'onde est constitué par l'enveloppe de toutes ces ondes secondaires ; c'est la construction de Huygens.

Cette théorie ondulatoire permettait d'expliquer complètement la réflexion, la réfraction et même la double réfraction, que Bartholin venait de découvrir en 1669. Et pourtant elle fut éclipsée par le prestige des découvertes de Newton. Dans son traité *Opticks* publié en

1704, celui-ci exposa une théorie reposant sur la notion de corpuscules émis par les corps lumineux et se propageant en ligne droite, tout en y associant la notion d'ondes. Il ne pouvait accepter l'idée d'un éther, qui aurait entravé la marche des planètes : la propagation dans le vide est bien corpusculaire, mais le choc des corpuscules sur une paroi donne naissance à des ondes, qui se propagent dans le solide. Il put ainsi établir la théorie des lames minces.

23. Théorie proposée par de Broglie, concurrente de la complémentarité (voir p. 56), vite enterrée par Bohr au congrès Solvay de 1927.

24. D'après M. Buscaglia, « Biologie et vérités », 1980.

25. **Horizon des événements**. D'après la théorie de la relativité (voir note 3), pour que l'événement O, qui se produit à l'origine $x = y = z = 0$ à l'instant $t = 0$, ait pu être influencé par l'événement M de coordonnées (x, y, z, t), il faut que l'intervalle d'espace $(x^2 + y^2 + z^2)^{1/2}$ soit inférieur à l'intervalle de temps t multiplié par c. En d'autres termes, pour que O et M puissent être en relation causale, il faut que M soit situé à l'intérieur de la nappe inférieure du *cône de lumière* de sommet O et d'équation $x^2 + y^2 + z^2 = c^2t^2$, qui constitue un *horizon des événements* (voir figure, où les dimensions d'espace sont réduites à deux – pour remplacer les sphères par des cercles – et le temps – ou plutôt ct – est porté verticalement). En dehors de ce cône, c'est le mystère de l'ailleurs.

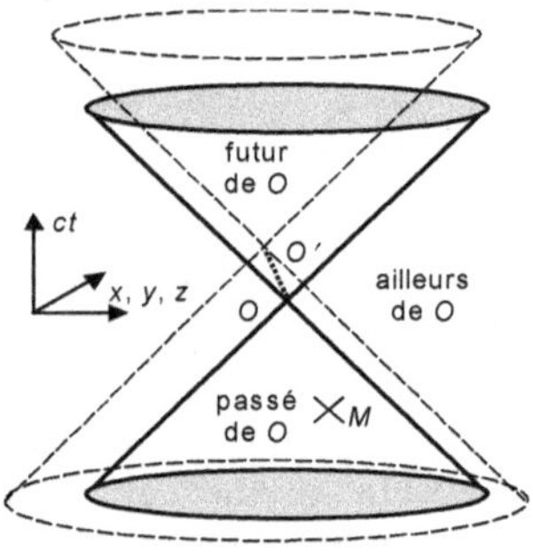

26. Galilée, *Dialogue sur les deux principaux systèmes*, 1632.

27. W. Harvey, *De motu cordis*, 1628.

28. A. Einstein, lettre à Erwin Schrödinger, 1935.

29. L. de Broglie, « L'invention dans les sciences théoriques », 1937.

30. A. Einstein, communication au président du *State Teachers College* de Salem, 1934.

31. A. Einstein, « Autobiographical notes », 1949.

32. Pendant la Grande Dépression de 1930, on a brûlé du café dans les locomotives pour soutenir les cours.

33. Cette vitesse de défilement fut adoptée lors du passage au cinéma parlant en 1927. L'invasion iconique s'est amplifiée avec la télévision.

34. D'après A. Calandra, *The Teaching of Elementary Science and Mathematics*, 1969.

35. Dans *Les peintres cubistes* (1913), Apollinaire écrivait : « C'est l'art de peindre des ensembles nouveaux avec des éléments empruntés, non à la réalité de vision, mais à la réalité de connaissance. »

36. Voici à peu près à quoi pouvait ressembler le dessin du visiteur :

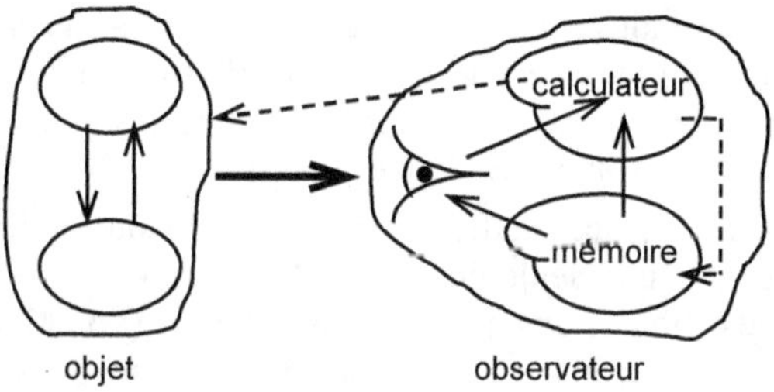

37. Citation attribuée à Einstein.

38. E. Mach, *La mécanique*, 1883.

39. A. Einstein, lettre citée dans D. Brian, *Einstein, a Life*, 1996.

40. L'*holisme*, introduit par Jan Smuts en 1926, considère que le tout est supérieur à la somme des parties.

41. E. Schrödinger, « Discussion of probability relations between separated systems », 1935.

42. H. Poincaré, *La science et l'hypothèse*, 1902.

43. A. Einstein et L. Infeld, *The Evolution of Physics*, 1938.

44. **Relativité générale**. Après dix ans d'efforts, Einstein réussit à étendre en 1915 sa théorie de la relativité à la gravitation. Jusqu'alors, on avait utilisé un espace plat, sans limite et infini, comme celui de Newton. Mais cette belle simplicité d'exposition s'accompagne d'une certaine complexité des principes dès qu'on veut décrire des objets accélérés : on est conduit à introduire des forces qui sont fictives, car elles sont liées au choix du référentiel (comme par exemple la force centrifuge), et le principe de relativité est limité aux observateurs non accélérés. Considérons un disque qui tourne : un point à la périphérie bouge plus vite qu'un point vers le centre. D'après la relativité restreinte (voir note 3), la circonférence du disque tournant est donc infé-

rieure à celle du disque mesurée à l'arrêt (paradoxe d'Ehrenfest) : la rotation entraîne une courbure de l'espace-temps du disque (voir note 47). Assis sur une chaise au bureau des brevets à Berne, Einstein eut l'idée d'étendre cette courbure à toute cause d'accélération. Il se servit d'une expérience de pensée pour identifier masse inerte – celle qui intervient dans le mouvement – et masse pesante – celle de la gravitation. Imaginez-vous dans un ascenseur dont le câble se rompt ; si vous lâchez votre montre, elle ne tombera pas sur le plancher, mais accompagnera votre chute et celle de la cabine : c'est comme si la gravitation n'existait pas… tout au moins tant que le dispositif de sécurité n'arrête pas l'ascenseur. D'après le *principe d'équivalence*, aucune expérience ne permet de distinguer localement un champ des forces d'inertie dû à un mouvement accéléré de celui dû à la gravitation. La particule, qui était déviée par des forces fictives dans l'espace de Newton, se déplace maintenant sur les lignes les plus courtes (les géodésiques), tracées dans un espace courbe.

Einstein choisit l'espace étudié au siècle précédent par Riemann, qui est caractérisé par une seule courbure. Pour en avoir une idée, il faut supprimer deux dimensions à notre espace-temps (voir figure avec les trois variantes). Traçons sur cette surface gauche deux réseaux de courbes tels qu'en chaque point passe une courbe de chaque réseau et une seule ; c'est l'équivalent du quadrillage cartésien dans le plan. Il est donc possible de repérer un point de la surface par ses deux coordonnées x et y lues sur les courbes qui y passent. La *métrique* de cet espace, définie par le carré de la distance entre deux points très voisins, s'exprime sous la forme d'une somme de quatre termes contenant respectivement dx^2, dy^2, $dxdy$ et $dydx$. Les coefficients de ces termes dépendent de la courbure au point considéré et, par symétrie, on a le même coefficient pour $dxdy$ et pour $dydx$. Le tableau de ces coefficients forme un tenseur : pour quatre dimensions, on a seize termes mais, par symétrie, il ne reste que dix composantes distinctes. La courbure de l'espace est un autre tenseur qui se déduit de sa métrique. On calcule par ailleurs le tenseur de tous les apports énergétiques dus aux masses et la nouvelle loi de gravitation consiste à équilibrer ces apports par la courbure. Friedmann a donné la solution du *big bang* et Schwarzschild celle du trou noir (voir note 122) ; à la limite quand la courbure s'aplatit, on retrouve la loi newtonienne.

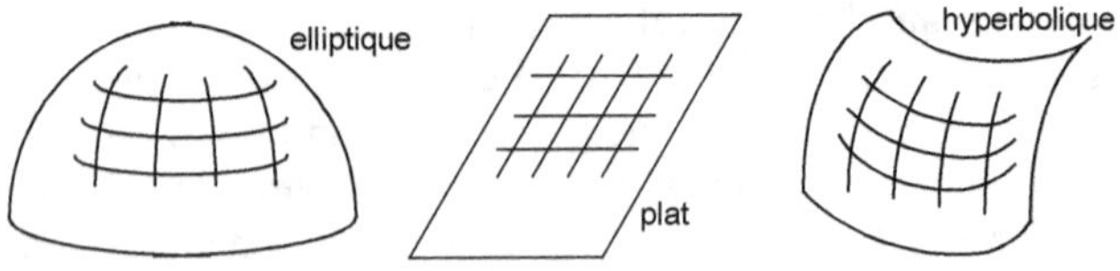

45. H. de Balzac, *Le père Goriot*, 1834.

46. Voir p. 15.

47. **Énergie de masse**. Le premier principe de la thermodynamique avait généralisé à la chaleur le principe de conservation de l'énergie mécanique. La théorie de la relativité a créé une nouvelle catégorie d'énergie, l'*énergie de masse* $E = mc^2$, où m est la masse et c la vitesse de la lumière dans le vide (voir note 3). Cette énergie, qui ne dépend pas de la vitesse de la particule, peut se manifester lors de certaines réactions nucléaires, telles que l'annihilation d'une particule avec son antiparticule, ou bien la fission d'un noyau d'uranium par un neutron (voir note 131). En l'écrivant sous la forme $mc^2 = ma \times c^2/a$, où a désigne l'accélération, on peut la considérer comme étant le travail de la force d'inertie le long d'un trajet c^2/a.

À quoi correspond ce déplacement ? Considérons par exemple un disque de rayon R, qui tourne à une vitesse $\omega = c/R$ (voir figure). Il en résulte à la circonférence une vitesse tangentielle égale à c et une accélération centripète a égale à c^2/R. La contraction des longueurs et la dilatation des durées (voir note 3) font que, à la circonférence du disque, l'horizon des événements visibles (voir note 25) se referme et le temps stagne, comme pour un trou noir (voir note 122). Ainsi, l'énergie de masse d'une particule peut être considérée comme étant le travail de la force d'inertie qui serait nécessaire pour la sortir de son horizon, c'est-à-dire pour l'annihiler.

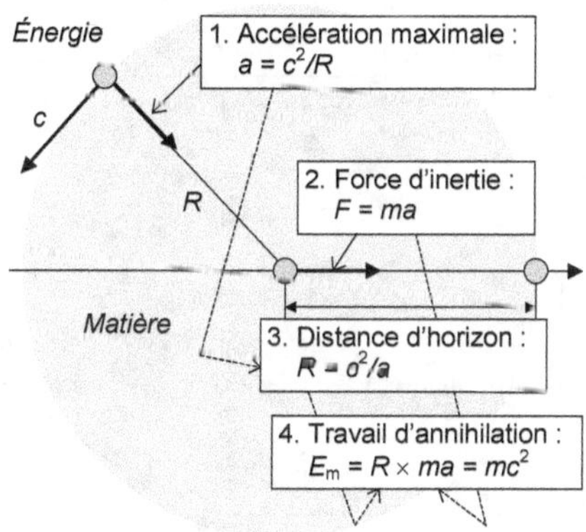

La vérification la plus spectaculaire de la relation $E = mc^2$ se produit au cours d'une *annihilation*, car la matière se transforme alors totalement en rayonnement. Faisons une expérience de pensée. Prenons d'abord un électron et isolons-le dans un piège. Peu après sa découverte par J. J. Thomson en 1897, l'électron a été considéré comme une coque sphérique sur laquelle était répartie une charge e (voir note 140), dont le rayon R a été estimé en supposant que sa masse m_e était entièrement d'origine électrostatique (de l'ordre de Ke^2/R, où K est la constante de Coulomb) ; en égalant à l'énergie de masse m_ec^2 de l'électron au repos, on obtient $R \approx Ke^2/m_ec^2$ (soit environ $2{,}8 \times 10^{-15}$ m). Puis introduisons dans le piège un positon ; découverte en 1932, cette antiparticule de l'électron a la même masse mais une charge opposée. Les deux particules s'annihilent aussitôt, en produisant une énergie de 1,02 MeV. Si on représente l'électron et le positon comme deux sphères de diamètre D en contact dans le référentiel de l'électron, la force attractive de Coulomb (égale à Ke^2/D^2), qui correspond à une force d'inertie m_ea, précipite le positon sur l'électron avec une accélération initiale a égale à Ke^2/m_eD^2 (de l'ordre de 10^{30} fois l'accélération de la pesanteur !) : cette accélération maximale conduit à l'annihilation des deux particules (avec dégagement de l'énergie $2m_ec^2$) après un déplacement D du positon. En prenant $D = 2R$, ce déplacement est égal à $c^2/2a$.

48. S. Maugham, *The Circle*, 1921.

49. Le cube suivant indique comment un certain nombre de théories se situent par rapport aux idées de *réalité*, de *causalité*, de *localité* et de *continuité*. On voit que les présupposés d'une théorie du champ, comme la relativité (réalisme, déterminisme, localité, continu), sont diamétralement opposés à ceux de la mécanique quantique.

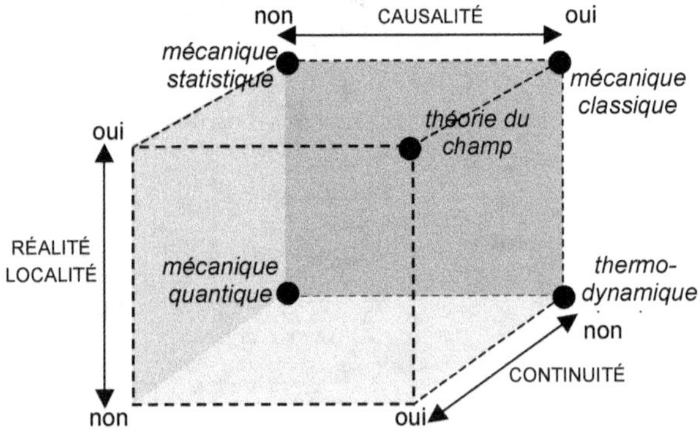

50. A. Einstein, « Maxwell's influence on the development of the conception of physical reality », 1930.

51. A. Einstein, « Remarques préliminaires sur les concepts fondamentaux », 1953. D'après la thèse de l'*idéalisme*, défendue par l'évê-

que Berkeley dans son *Treatise concerning the Principles of Human Knowledge* (1710), rien n'existe en dehors de la pensée individuelle. Tout ce que nous percevons, y compris les autres hommes, n'est donc qu'une création de notre pensée.

52. Diderot, *Lettre sur les aveugles*, 1749.

53. M. Planck, « Le positivisme et la réalité du monde extérieur », 1930.

54. M. Planck, « L'unité de la conception de l'univers en physique », 1909.

55. Einstein, cité dans A. Pais, *Subtle is the Lord...*, 1982.

56. Dans une lettre de 1692 à Richard Bentley, Newton a écrit : « Que l'attraction doive être une propriété innée, inhérente et nécessaire de la matière de telle sorte qu'un corps puisse interagir avec un autre dans le vide sans que quelque chose d'autre y prenne part, grâce à quoi et à travers quoi leur action et leur force pourraient se transmettre de l'un à l'autre, cela me paraît une si grande absurdité que je ne me représente pas comment quelqu'un possédant la capacité de réfléchir avec compétence à des questions de caractère philosophique a jamais pu y parvenir. »

57. Laplace a écrit dans son *Essai philosophique sur les probabilités* (1814) : « Tous les événements, ceux mêmes qui par leur petitesse semblent ne pas tenir aux grandes lois de la nature, en sont une suite aussi nécessaire que les révolutions du soleil. Dans l'ignorance des liens qui les unissent au système entier de l'Univers, on les a fait dépendre des causes finales ou du hasard suivant qu'ils arrivaient et se succédaient avec régularité ou sans ordre apparent ; mais ces causes imaginaires ont été successivement reculées avec les bornes de nos connaissances, et disparaissent entièrement devant la saine philosophie, qui ne voit en elles que l'expression de l'ignorance où nous sommes des véritables causes. »

58. H. Poincaré, *Science et méthode*, 1908. Invité à donner en 1876 une conférence sur le problème du libre arbitre dans son collège, Maxwell avait déjà observé : « Quand l'état des choses est tel qu'une variation infiniment petite de l'état présent n'altérera l'état futur que d'une quantité infiniment petite, l'état du système, au repos ou en mouvement, est dit stable ; mais, quand une variation infiniment petite à l'état présent peut causer une différence finie en un temps fini, la condition du système est dite instable. Il est évident que l'existence de conditions instables rend impossible la prévision d'événements futurs, si notre connaissance de l'état présent est seulement approchée et non exacte. »

59. A. Einstein, lettre à Max Born, 1949.

60. Nietzsche a écrit dans *Par-delà le bien et le mal* (1886) : « Le désir du libre arbitre entendu au sens superlatif et métaphysique qui règne encore, malheureusement, dans les cerveaux à demi cultivés, le besoin de porter l'entière et ultime responsabilité de ses actes et d'en décharger Dieu, le monde, l'hérédité, le hasard, la société, n'est en effet rien de moins que le besoin d'être soi-même cette *causa sui*. Plus hardi que le baron de Crac, on tente de se saisir soi-même aux cheveux pour se tirer du marécage du néant et se hisser enfin dans l'existence. »

61. Cocteau, *Le rappel à l'ordre*, 1926.

62. Einstein, cité dans C. Lanczos, *The Einstein Decade*, 1974.

63. **Diffusion Compton**. En observant la diffusion d'un faisceau de rayons X de longueur d'onde λ_0 sur du graphite, Compton remarqua la présence d'un rayonnement de longueur d'onde λ supérieure à λ_0. Il établit la relation $\lambda = \lambda_0 + \lambda_c(1 - \cos \theta)$, où θ est l'angle de diffusion. Après une première explication classique, il proposa en 1923 de considérer ce phénomène comme résultant du choc de photons sur des électrons.

La *longueur d'onde de Compton* pour une particule de masse m est $\lambda_c = h/mc$, h désignant la constante de Planck et c la vitesse de la lumière dans le vide. En prenant une indétermination sur la vitesse de la particule égale à c (voir note 84), λ_c représente celle sur la position (*tremblement* de Schrödinger).

64. D'après F. J. Dyson, « Innovation in physics », 1958.

65. A. Einstein, lettre à Max Born, 1953.

66. **Relation de Fourier**. Plus une impulsion est brève (durée Δt), plus elle est riche en fréquences composantes (largeur de bande $\Delta\nu$) et Fourier a établi la relation $\Delta\nu \times \Delta t \geq 1$. Cette relation d'incertitude, tout à fait classique (voir note 84), explique pourquoi les flûtistes sont plus agiles que les joueurs de tuba.

67. **Corps noir**. Quand on chauffe une barre de fer, elle rougit. Plus précisément, un corps noir ressemble à un four : c'est une cavité aussi peu couplée avec l'extérieur que possible et dont les parois sont portées à une température (absolue) T. Les particules chargées, qui se trouvent sur les parois, sont des oscillateurs qui vibrent sous le choc des molécules, en agitation thermique, du gaz contenu dans la cavité. Il en résulte l'émission d'un rayonnement (voir note 116), dont la répartition spectrale (c'est-à-dire la fraction E_ν de l'énergie totale qui

est rayonnée dans chaque bande de fréquence dν) a été très étudiée à la fin du XIXe siècle.

On savait depuis Kirchhoff que ce rayonnement ne dépendait pas de la nature du corps noir, mais uniquement de sa température. La relation entre cette température et l'énergie totale rayonnée par unité de volume fut trouvée par Stefan, puis démontrée par Boltzmann : $E = (4\sigma/c)T^4$, en désignant par c la vitesse de la lumière dans le vide et par σ la constante de Stefan. On doit bien sûr avoir $E = \int_0^\infty E_\nu d\nu$. Wien avait montré par un raisonnement thermodynamique en 1893 que cette densité doit être de la forme $E_\nu = \nu^3 f(\nu/T)$ ①, où f est une certaine fonction de ν/T. Puis il avait proposé en 1896 que la décroissance vers les hautes fréquences fût exponentielle (voir figure).

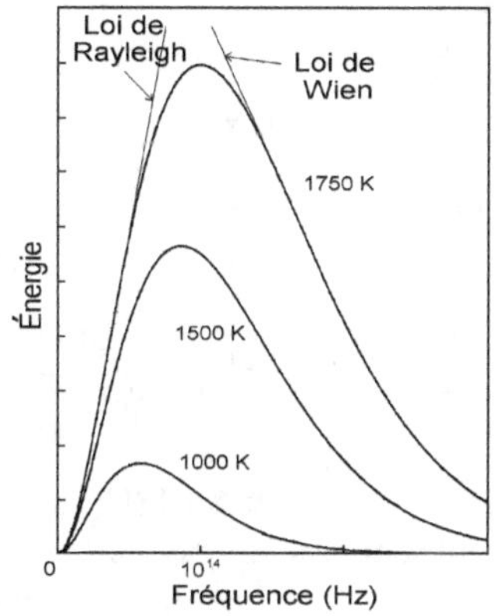

Dans un système statistique classique à l'équilibre et conformément au principe d'équipartition, à chaque degré de liberté d'une particule isolée correspond la même énergie $kT/2$, où k est la constante de Boltzmann. Rayleigh proposa en juin 1900 un premier calcul de la répartition spectrale E_ν, en attribuant à chaque mode de vibration l'énergie kT. Connaissant la densité de mode par unité de volume, il en déduisit $E_\nu = (8\pi/c^3)\nu^2 kT$ ②, conforme à la condition ① et qui donnait une excellente représentation des courbes expérimentales aux basses fréquences, mais avait la fâcheuse propriété de tendre vers l'infini aux fréquences élevées ; c'est ce qu'Ehrenfest (voir note 147) appela la *catastrophe ultraviolette*. Pour représenter correctement ces courbes (voir figure), Planck fut amené six mois plus tard à supposer que chaque oscillateur possède une énergie multiple de $h\nu$, h désignant la constante de Planck, d'où on tire $E_\nu = (8\pi h/c^3)\nu^3/[\exp(h\nu/kT) - 1]$ ③.

68. M. Planck, « La loi du rayonnement noir et l'hypothèse des quantités élémentaires d'action », 1911.

69. H. Poincaré, conclusion du congrès sur *La théorie du rayonnement et les quanta*, 1911.

70. **Effet photoélectrique**. Dans une expérience de photoélectricité, un faisceau lumineux frappe une plaque métallique, située en face d'une autre plaque qui est portée à un potentiel négatif par rapport à la première, l'ensemble étant placé dans une enceinte où le vide a été fait (voir figure à gauche). La plaque qui reçoit le faisceau émet un courant d'électrons, qui peut être arrêté en ajustant le potentiel. La valeur de ce potentiel d'arrêt V_0 est une fonction linéaire de la fréquence ν du faisceau lumineux (voir figure à droite).

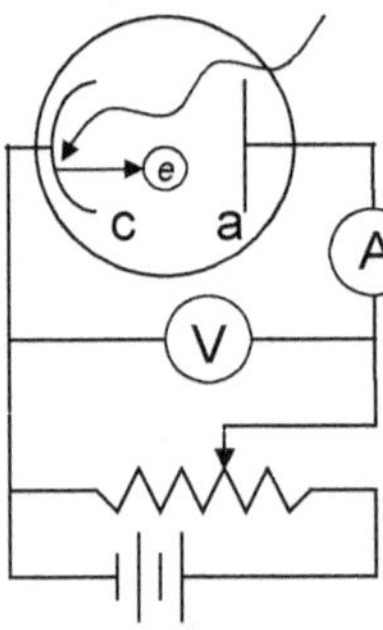

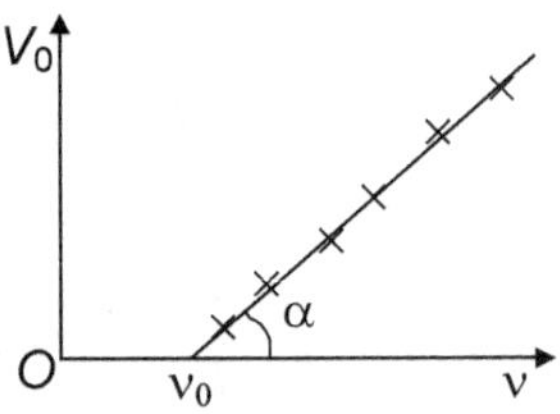

Ce phénomène, découvert par Hertz en 1887, a été expliqué par Einstein en 1905, en supposant que le rayonnement incident cède son énergie aux électrons superficiels de la plaque par quantum $w_0 = h\nu$, h désignant la constante de Planck. Si cette énergie est supérieure à celle w_p qui lie l'électron au réseau cristallin de la plaque, alors la différence $w_0 - w_p$ se retrouve sous forme cinétique et l'électron s'échappe du réseau ; on en tire bien une relation linéaire $eV_0 = h\nu - w_p$, où e désigne la charge de l'électron (voir note 140).

71. A. Einstein, lettre à Michele Besso, 1951.

72. G. N. Lewis, « The conservation of photons », 1926.

73. Einstein, cité dans P. Frank, *Einstein: His Life and Times*, 1947.

74. D'après R. Thom, *Prédire n'est pas expliquer*, 1991.

75. Le tableau suivant récapitule les principales avancées réalisées dans les deux théories relativiste et quantique, ainsi que les découvertes expérimentales concomitantes. Comme le résume Lee Smolin dans *Einstein's Unfinished Revolution* (2019) : « En 1920, Heisenberg était encore étudiant, de même que Dirac, Pauli, Jordan. En 1925, ce sont

de jeunes chercheurs pleinement engagés dans l'invention de la théorie quantique. En 1930, ils sont devenus professeurs et la révolution est achevée. »

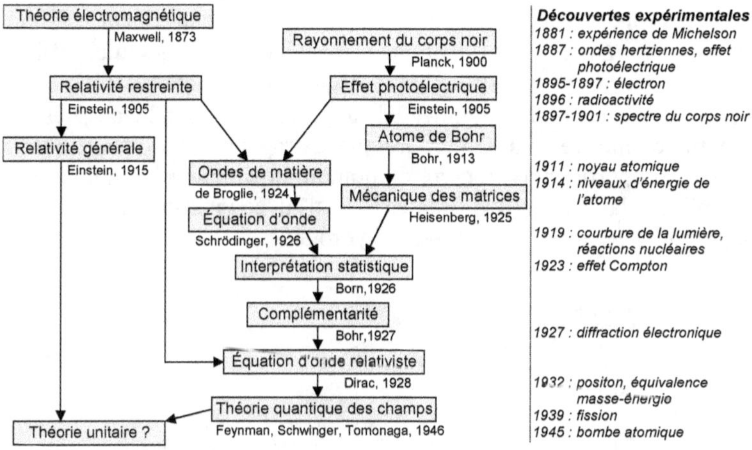

76. F. Leuret, *Fragments psychologiques sur la folie*, 1834.

77. **Ondes de matière**. Il s'agit des observations de Davisson et Germer, faites en 1927 à la suite de l'explosion accidentelle d'un flacon d'air liquide, et des expériences de G. P. Thomson, dont le père avait découvert l'électron en tant que corpuscule (voir note 47). L'invention du microscope électronique, par Knoll et Ruska, date de 1932.

La longueur d'onde associée à une particule, dont la quantité de mouvement est p, est donnée par la *relation de de Broglie* $\lambda = h/p$, h désignant la constante de Planck. Elle explique la seconde hypothèse faite par Bohr pour son atome (voir note 79).

78. W. Heisenberg, *Physics and Philosophy*, 1958.

79. **Atome de Bohr**. En 1911, Rutherford observa en bombardant une feuille d'or avec des particules alpha que, si la plupart étaient à peine déviées, certaines l'étaient à plus de 90°. Il comprit alors qu'un noyau, très petit et chargé positivement, concentre toute la masse de l'atome. Il proposa un modèle planétaire de l'atome, où le nombre d'électrons orbitant autour du noyau en neutralise la charge. Mais, d'après la théorie électromagnétique (voir note 116), les électrons devraient rapidement perdre leur énergie par rayonnement et s'écraser sur le noyau, et le modèle ne permettait pas d'expliquer les spectres atomiques.

Son élève Bohr proposa en 1913 un modèle de l'atome d'hydrogène où les électrons ne peuvent tourner autour du noyau qu'en décrivant certaines orbites correspondant à des niveaux d'énergie autorisés (voir figure) ; ils émettent un rayonnement par quantum chaque fois qu'ils sautent à un niveau inférieur et absorbent de l'énergie chaque fois qu'ils sautent à un niveau supérieur : si E_1 et E_2 sont deux niveaux permis, la fréquence de la raie spectrale due au changement d'orbite est $\nu = (E_1 - E_2)/h$. Mais il faut une autre hypothèse : les seules orbites possibles (rayon r) sont celles pour lesquelles le moment cinétique de l'électron est un multiple entier de $h/2\pi$, soit $pr = nh/2\pi$ où p est la quantité de mouvement. On en tire que les rayons des orbites circulaires sont proportionnels au carré du nombre quantique n, ce qui permet d'expliquer la formule que Balmer avait trouvée vingt-huit ans plus tôt pour rendre compte du spectre de l'hydrogène.

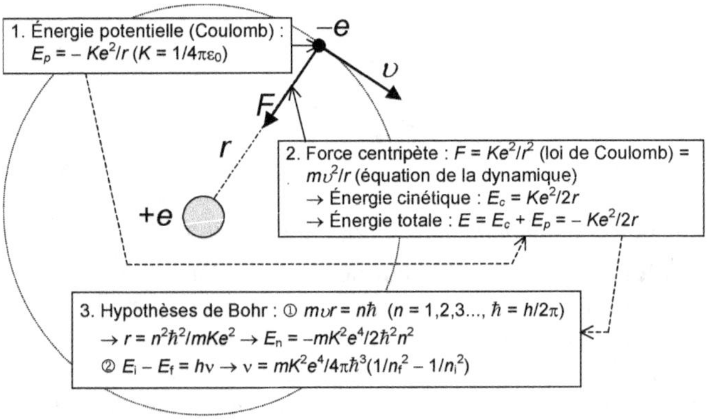

80. La *constante de structure fine* a été introduite par Sommerfeld pour expliquer la décomposition de raies en raies plus fines ; sa valeur, proche de 1/143, a pu faire croire qu'elle avait un rapport avec l'arithmétique. Le *facteur de Landé* entre dans l'expression du moment magnétique de l'électron en fonction de son moment cinétique.

81. E. Schrödinger, *Quatre mémoires sur la mécanique ondulatoire*, 1928.

82. A. Einstein, lettre à Max Born, 1944.

83. D'après G. Lochak, « L'irréversibilité en physique », 1988.

84. **Relations d'incertitude**. Il existe en mécanique quantique des couples de grandeurs conjuguées tels que, par exemple, la position q de la particule et sa quantité de mouvement p, ou bien encore son énergie W et la durée t. La relation, établie par Heisenberg en 1927, montre que le produit des indéterminations sur ces deux grandeurs est au moins égal à $h/2\pi$ (à rapprocher de la note 66).

85. J. Perrin, *Les atomes*, 1913.

86. D'après M. Contat, « Attention, fiction ! », 1999.

87. A. Einstein, lettre à Max Born, 1924.

88. A. Einstein, lettre à Michele Besso, 1952.

89. P. Dirac, « The evolution of the physicist's picture of nature », 1963.

90. **Expérience à photon unique**. Les expériences dites à photon unique nécessitent d'abord une source *S*, dont la lumière est suffisamment atténuée pour qu'il n'y ait pas plus d'un photon présent dans le dispositif de mesure, à un instant donné. On a surtout employé des tubes à décharge, mais on préfère maintenant les cascades atomiques (voir note 98).

Une *première question* est de savoir si un photon peut se couper en deux. Les expériences qui ont été montées pour y répondre sont assez rares et récentes, car elles nécessitent une électronique assez rapide (voir figure à gauche). Le séparateur *L* est une lame semi-transparente et les détecteurs *PM* sont des photomultiplicateurs (voir note 105), placés dans chacune des deux voies du séparateur. Toutes les expériences ont répondu « non » à la question posée.

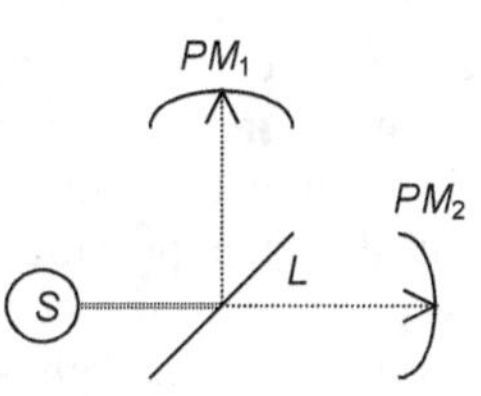

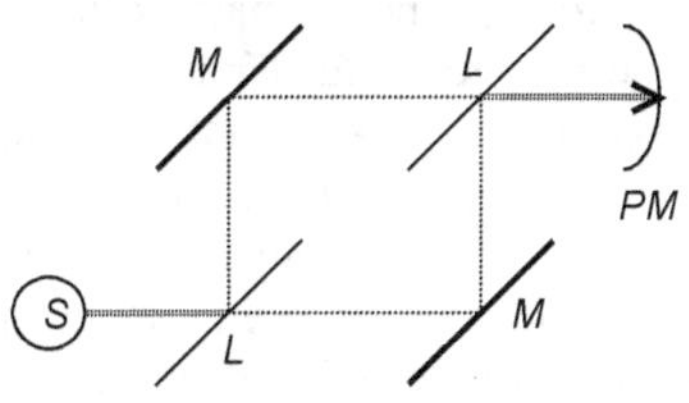

Une *seconde question* est de savoir si un photon peut interférer avec lui-même. De très nombreuses expériences ont par contre été montées et la première date de 1909 : Taylor enregistra sur une plaque photographique la figure de diffraction de la pointe d'une aiguille, qui était éclairée par une flamme à travers une fente très étroite et des verres fumés. Depuis, on préfère utiliser un interféromètre dont des franges sont enregistrées par un convertisseur d'image ou un photomultiplicateur. Le dispositif utilisé pour la première question peut être complété pour poser la seconde (voir figure à droite) : presque toutes les expériences ont répondu « oui ».

91. **Réduction du paquet d'ondes**. Prenons un électron. Cet objet possède une qualité, le spin, dont la valeur exprimée avec des unités appropriées est égale à +½ ou –½. Stern et Gerlach ont inventé en 1921 un appareil permettant de détecter la déviation d'atomes d'argent

passant dans un champ magnétique intense. Appliqué à un électron, ce dispositif conduit à une déviation dans un sens ou en sens opposé selon le signe du spin (voir figure).

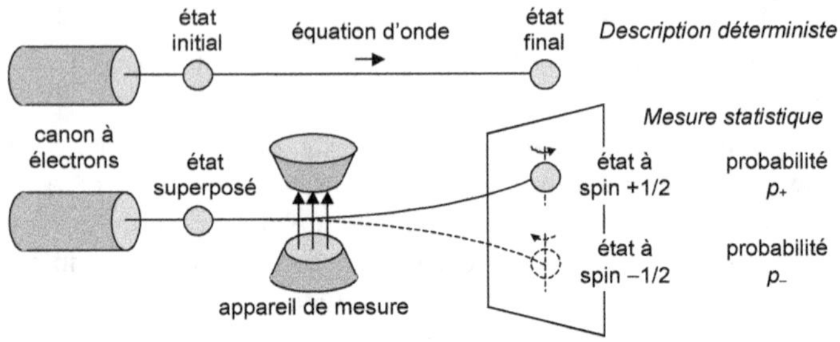

Plus généralement, pour décrire l'évolution d'un système quantique, il faut deux mécanismes différents selon que le système est observé ou non ; c'est le *problème de la mesure*. L'état du système est caractérisé par la valeur prise par un certain nombre de grandeurs à un instant donné. En mécanique quantique, il est décrit par la fonction d'onde, encore appelée « vecteur d'état » du système. En l'absence de mesure, l'état évolue conformément à l'équation d'onde, qui permet de connaître l'état à tout moment à partir d'un état initial, à condition qu'aucune mesure ne vienne perturber le système après cette détermination initiale. Or tous les états quantiques possibles du système forment un certain espace vectoriel ; il en résulte que la combinaison linéaire de deux états quelconques doit former aussi l'un des états possibles : on dit qu'il s'agit alors d'un état superposé. Ce passage d'un état superposé, où les grandeurs ne sont pas interprétables, à un état physique, avec des grandeurs mesurables, est ce qu'on appelle la « réduction du paquet d'ondes ». Ainsi y a-t-il opposition entre d'une part une équation qui indique de façon parfaitement déterministe ce qu'est devenu l'état à partir de l'état initial en l'absence de mesure, et d'autre part une réduction du paquet d'ondes qui permet de prévoir de façon probabiliste, à partir du même état initial, que le résultat d'une mesure éventuelle donnerait tel état classiquement observable avec telle probabilité.

92. Voir p. 52.

93. P. Valéry, « La politique de l'esprit », 1932.

94. L. de Broglie, « La physique quantique restera-t-elle indéterministe ? », 1952.

95. Bohr, cité par A. Abragam dans une intervention au colloque sur *Les implications conceptuelles de la physique quantique* (1980).

96. F. Bacon, *Novum organum*, 1620.

97. A. Einstein, lettre à Erwin Schrödinger, 1928.

98. **Paradoxe EPR** (A. Einstein, B. Podolsky et N. Rosen, « Can quantum-mechanical description of physical reality be considered complete ? », 1935). Tout d'abord les auteurs posent un critère de réalité physique : si, en ne perturbant aucunement un système, on peut prédire avec certitude la valeur d'une grandeur physique qui le caractérise, alors il existe un élément de la réalité qui correspond à cette grandeur. Puis ils considèrent un système composé de deux particules *A* et *B* qui ont interagi un certain temps avant de se séparer sans plus jamais interagir. La mécanique quantique décrit le système $A + B$ par une fonction d'onde unique. Si on mesure la quantité de mouvement de la particule *A*, avec le résultat p_A, la fonction d'onde permet de prédire avec certitude celle p_B de la particule *B*, sans aucunement la perturber ; il doit donc exister un élément de réalité correspondant à p_B. De même, si on mesure la position de la particule *A*, avec le résultat q_A, on en tire q_B auquel doit correspondre un autre élément de réalité. Or p et q sont deux grandeurs conjuguées, que la théorie quantique ne peut déterminer précisément simultanément d'après le principe d'incertitude (voir note 84). Puisque ces éléments de la réalité n'ont pas de contrepartie dans la théorie, celle-ci est incomplète.

Mais il ne s'agissait que d'une expérience de pensée, dont les protagonistes du récit ne pouvaient deviner les futurs développements. Bohm en donna en 1951 une formulation plus réaliste qui s'appliquait à des protons. Bell montra en 1965 que, pour une telle expérience, les prévisions statistiques de la mécanique quantique pouvaient, dans certaines circonstances, différer de celles d'une théorie locale à variable cachée : il établit une inégalité qui était en certains cas violée par la mécanique quantique. Les expériences avec des photons polarisés étant plus faciles à réaliser, une nouvelle forme de l'inégalité fut proposée par Clauser et Horne. Dans ces expériences (voir figure), une source *S* émet deux photons en cascade, par l'excitation d'un atome qui retourne à son état initial en passant par un état intermédiaire, dans un laps de temps très bref. Du fait de la conservation de la quantité de mouvement, les deux photons sont émis selon la même direction, mais en sens opposés. Pour détecter quelques-unes de ces paires de photons, on aligne de part et d'autre de la source deux polariseurs *P* (orientés suivant les directions *a* à gauche, *b* à droite), deux filtres *F* (accordés aux fréquences respectives des deux photons) et deux photomultiplicateurs *PM* (*A* à gauche, *B* à droite). *A* et *B* sont connectés à un compteur *C* qui enregistre une coïncidence quand *B* détecte un photon très peu de temps après *A*.

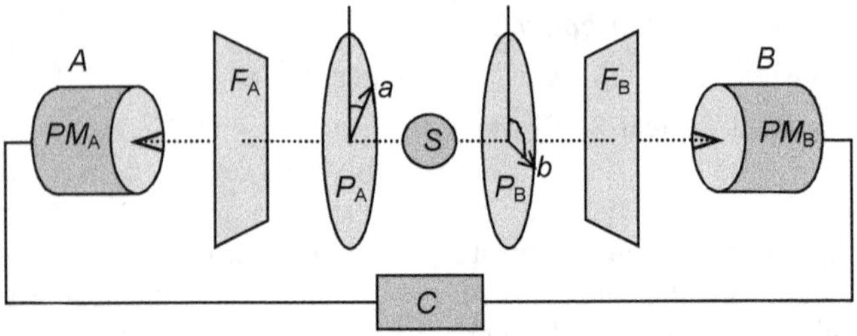

Soient $p_A(a)$, $p_B(b)$ et $p_C(a, b)$ les probabilités de détection, respectivement pour chacun des deux photons et pour chaque paire, compte tenu des orientations a et b de chacun des deux polariseurs qui peuvent varier séparément de 0 à 180°. Pour un appareil parfait, la mécanique quantique montre qu'on doit avoir $p_C(a, b) = 1/4 + (1/4) \cos 2(a - b)$ ①. Si on suppose que ces probabilités dépendent également d'une certaine variable cachée λ qui définit l'état de la paire au moment de son émission, la condition d'indépendance entre les deux détecteurs s'écrit $p_C(\lambda, a, b) = p_A(\lambda, a) \times p_B(\lambda, b)$. Pour un appareil parfait et des photons seulement corrélés en direction de propagation, on en tire $p_C(a, b) = 1/4$; si on suppose qu'ils sont en plus corrélés en polarisation et qu'on prend pour variable λ l'angle entre l'axe de référence choisi pour définir a et b et la direction de polarisation commune aux deux photons, on a $p_C(a, b) = 1/4 + (1/8) \cos 2(a - b)$, encore en contradiction avec la prévision quantique ①.

Presque toutes les expériences, en particulier celle réalisée par Aspect en 1982, ont conclu à l'exactitude des prévisions quantiques. Parmi les différents concepts impliqués, la plupart des physiciens ont choisi d'abandonner celui de *localité*, en contradiction avec la théorie de la relativité. À son grand désespoir, Bell a vu son théorème se retourner contre ses convictions, avec toute la force des mathématiques. La seule voie pour sauver la localité est de prouver que le théorème est faux. Or il ne tient pas compte du fait que la probabilité de coïncidence n'est pas égale au produit de deux probabilités indépendantes, mais à celui de la probabilité pour que le premier photon soit compté par la probabilité pour que le second le soit, *sachant que le premier l'a été*. La probabilité pour que les deux photons soient comptés en même temps en C est alors $p_C(\lambda, a, b) = p_A(\lambda, a) \times p_{B:A}(\lambda, a, b)$. Si le premier photon a été compté en A, il n'y a aucune raison pour que le second ne le soit pas aussi en B, à moins qu'il ne soit arrêté par le polariseur de droite ; sa probabilité de comptage est donc la même que celle pour que le premier photon fût encore compté si le polariseur de droite était placé après celui de gauche, et la loi de Malus donne $p_{B:A}(\lambda, a, b) =$

$\cos^2(a - b)$ qui ne dépend pas de λ. Une intégration pour λ variant de 0 à 180° donne enfin $p_C(a, b) = (1/2) \cos^2(a - b)$ ②, qui est identique au résultat ① de la mécanique quantique (J. Perdijon, *Annales de la fondation Louis de Broglie*, 1991).

99. J. von Neumann, *Les fondements mathématiques de la mécanique quantique*, 1932.

100. G. Hermann, « Les fondements de la mécanique quantique dans la philosophie de la nature », 1935.

101. Le *positivisme* demande à l'esprit humain de se borner à l'observation des faits d'expérience et de leurs relations invariables, pour en induire des lois. Plus précisément, les opérationnalistes renoncent à tout concept qui ne peut être défini par la description d'un procédé régulier pour l'identifier. Bunge note dans *Philosophy of Physics* (1973) : « L'étudiant en physique est d'emblée imprégné de philosophie opérationnaliste, que ce soit par l'intermédiaire des manuels, des cours ou des séminaires. [...] L'opérationnalisme est le credo de l'orthodoxie et tout écart de pensée ne peut être que tourné en dérision, voire même réprimé. »

102. A. Einstein, lettre à Paul Ehrenfest, 1925.

103. Goethe, lettre à Carl Zelter, 1828.

104. E. Schrödinger, « La situation actuelle en mécanique quantique », 1935.

105. Le *compteur Geiger*, inventé en 1913, permet de compter les impulsions dues au passage d'une particule ionisante. Il est constitué d'un tube métallique empli d'un gaz rare avec, selon son axe, un fil porté à un potentiel tel qu'une décharge se produit au passage de la particule. Inventée par Wilson en 1911, la *chambre à condensation* permet de visualiser la trajectoire d'une particule chargée par l'ionisation d'un gaz sursaturé en vapeur, d'où la formation de gouttelettes.

Un autre appareil est très utilisé pour la détection des photons : c'est le *photomultiplicateur*, inventé par Zworykin en 1936. Il s'agit d'un tube électronique qui amplifie considérablement la réponse d'une cellule photoélectrique (voir note 70).

106. **Paradoxe du chat**. Dans le problème de la mesure (voir note 91), l'appareil qui a permis de définir l'état initial est aussi décrit par un autre vecteur d'état et l'état initial du système global avec l'appareil devrait être décrit par le produit des vecteurs de chacun des deux éléments. Après cette interaction, le système évolue conformément à l'équation d'onde, mais l'appareil devrait se trouver à son tour dans un état superposé. C'est le célèbre problème du *chat de Schrödinger*. Le

chat « mesure » l'état de l'atome : si celui-ci est intact, le chat est vivant, s'il se désintègre, le chat meurt. À un moment donné, la superposition des deux états quantiques conduit à supposer la superposition d'un chat à moitié mort, à moitié vivant !

Zeh a suggéré en 1970 qu'on pouvait lever cette absurdité en supposant qu'il se produit une « décohérence » avec l'environnement, le troisième acteur du phénomène qu'on avait jusqu'ici négligé (voir note 36) : l'appareil de mesure n'est pas isolé, il subit un grand nombre d'interactions avec son milieu, chacune ne le modifie que très peu, mais leur accumulation brouille rapidement la superposition et le temps nécessaire à cette opération est d'autant plus bref que l'appareil de mesure est massif. Une autre tentative d'explication est celle des *univers multiples* proposée par Everett en 1957 : les différents résultats de mesure possibles coexistent comme autant de réalités dans des mondes parallèles, qui se ramifient sans cesse en de nouveaux mondes. C'est « le jardin aux sentiers qui bifurquent » de Borges !

107. D'après R. Lagary, *Le chat de la voisine*, 1959.

108. Galilée, *Le messager des étoiles*, 1610.

109. **Nature du vide**. Pour faire le vide dans une enceinte, il faut d'abord aspirer toute trace de matière, solide, liquide ou gazeuse. Il faut ensuite éliminer le rayonnement thermique encore présent, par refroidissement (voir note 67). Mais, même si on réussissait à atteindre la température du zéro absolu, la mécanique quantique indique qu'il subsisterait un champ de zéro. Cette *énergie du vide* n'est pas directement mesurable car nos mesures d'énergie sont relatives. D'après la théorie quantique des champs, perfectionnée par Dirac à partir de 1928, les fluctuations de cette énergie conduisent à la création spontanée de paires formées d'une particule avec son antiparticule, qui interagissent brièvement avant de s'annihiler (voir note 47).

La *constante cosmologique* a été introduite par Einstein en 1917 dans sa théorie de la relativité générale (voir note 44), pour rendre compte de l'homogénéité et de l'isotropie de l'Univers. Mais Friedmann a montré peu après qu'elle était inutile ; il a ainsi obtenu un modèle d'univers en expansion (*big bang*), qui a été confirmé par les observations de Hubble en 1929. La valeur de cette constante est certainement très faible, car les mesures astronomiques prouvent que l'espace intergalactique n'est pratiquement pas déformé ; mais de son signe pourrait dépendre l'avenir de notre Univers : expansion éternelle ou bien oscillations ? Elle pourrait être utile pour expliquer l'hypothétique « énergie sombre ». La théorie quantique indique au contraire que cette constante serait énorme !

110. Voir p. 13.

111. D'après L. Landau et E. Lifchitz, *Mécanique quantique*, 1962.

112. **Irréversibilité**. L'expérience montre qu'un vase brisé ne se recolle pas tout seul et il existe un principe – le second principe de la thermodynamique –, qui énonce l'irréversibilité des transformations réelles au niveau macroscopique. Ce principe s'énonce aussi en disant que l'*entropie* d'un système isolé ne peut que croître.

Or les lois fondamentales – classiques ou quantiques –, qui gouvernent l'évolution microscopique des systèmes, restent toutes valables quand on change la variable temps *t* en –*t*. Un problème très ouvert est de savoir comment on peut tirer l'irréversibilité macroscopique à partir de phénomènes microscopiques totalement réversibles. Il faudra que les théoriciens cessent de ne s'intéresser qu'aux phénomènes stationnaires pour étudier enfin les phénomènes transitoires, comme par exemple les sauts électroniques d'une orbite atomique à une autre (voir note 79).

113. Voir p. 65.

114. Lawrence inventa le *cyclotron* en 1930, Cockroft et Walton réalisèrent un *accélérateur électrostatique* en 1932.

115. **Expérience à photon unique (suite)**. Voici comment le visiteur aurait pu schématiser sur son calepin les résultats des deux séries d'expérience, selon la vitesse de l'électron (+ : observation d'un signal, – : pas de signal) (J. Perdijon, *Annales de la fondation Louis de Broglie*, 1989) :

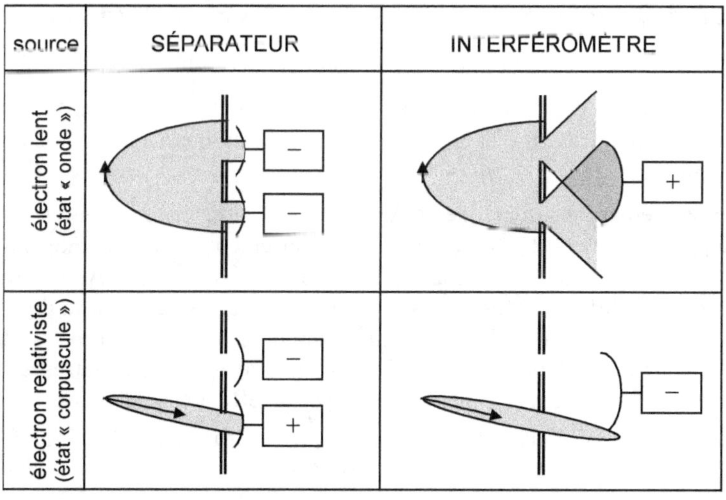

116. **Rayonnement électromagnétique**. Pour une particule chargée dont la vitesse **v** et l'accélération **a** sont parallèles (par exemple un électron en vibration), les deux lobes du rayonnement deviennent beaucoup plus importants et s'orientent progressivement suivant la trajectoire quand la vitesse approche celle de la lumière (voir figure). Quand **v** et **a** sont perpendiculaires, c'est le *rayonnement synchrotron*.

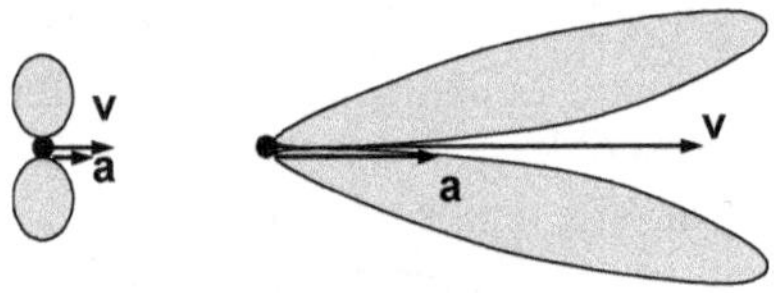

117. **Tentative de Nernst** (W. Nernst, « Sur une tentative pour revenir à l'hypothèse de variations continues d'énergie à partir de considérations quantiques », 1916). Considérons le système constitué par les N_ν oscillateurs de même fréquence ν à la température T et admettons qu'ils sont distribués selon la loi de Maxwell-Boltzmann : $p(E) = (1/kT)\exp(-E/kT)$, avec $\int_0^\infty p(E)\,\mathrm{d}E = 1$ et $\int_0^\infty E\,p(E)\,\mathrm{d}E = kT$. L'énergie totale du système, indépendante de la fréquence conformément au *principe d'équipartition*, est donnée par l'équation ② de la note 67. Le seuil d'énergie ε étant fixé pour la fréquence ν, on a $N_\nu n_0$ oscillateurs d'énergie inférieure à ε et $N_\nu n_1$ oscillateurs d'énergie supérieure, avec $n_0 = \int_0^\varepsilon p(E)\,\mathrm{d}E = 1 - \exp(-\varepsilon/kT)$ et $n_1 = \int_\varepsilon^\infty p(E)\,\mathrm{d}E = 1 - n_0 = \exp(-\varepsilon/kT)$. De même, la part d'énergie dans E_ν due aux n_0 oscillateurs est $u_0 = \int_0^\varepsilon E\,p(E)\,\mathrm{d}E = kT - u_1$ et celle due aux n_1 oscillateurs est $u_1 = \int_\varepsilon^\infty E\,p(E)\,\mathrm{d}E = (\varepsilon + kT)\exp(-\varepsilon/kT)$. On peut donc dire que les oscillateurs situés en dessous du seuil ε ont une énergie moyenne $\langle E_0\rangle = u_0/n_0 = kT - \varepsilon/[\exp(\varepsilon/kT) - 1]$ et que ceux qui sont au-dessus ont une énergie moyenne $\langle E_1\rangle = u_1/n_1 = \varepsilon + kT$.

Nernst remarque alors que, si on pose $\varepsilon = h\nu$, on a $kT - \langle E_0\rangle = h\nu/[\exp(h\nu/kT) - 1]$ ④, ce qui est précisément l'énergie moyenne retenue par Planck pour chaque mode de sa distribution. Ainsi trois hypothèses lui sont nécessaires pour retrouver classiquement la distribution ③ de la note 67. La première, imposée par la condition ① de Wien, est équivalente à celle de Planck mais, avec les deux autres, elle remplace la discrétisation de l'énergie par un effet de seuil.

118. **Fortes accélérations**. La dynamique des fortes accélérations est une question encore très ouverte. Voici ce qu'écrivait Arzeliès dans

Rayonnement et dynamique du corpuscule chargé fortement accéléré (1966) : « Dès le début de l'étude du mouvement des électrons, à la fin du siècle dernier, on s'est aperçu que les équations newtoniennes cessent d'être acceptables pour de grandes vitesses et pour des accélérations grandes ou rapidement variables [...]. À peu près simultanément des équations ont été proposées pour couvrir ces deux aspects nouveaux. Mais ces deux extensions ont eu des fortunes très inégales. Les équations qui tiennent compte des grandes vitesses (mais faibles accélérations) ont finalement abouti à un corps de doctrine cohérent et universellement adopté sous le nom de dynamique relativiste [...]. Il n'en est pas de même pour la dynamique des fortes accélérations. »

119. A. Einstein, « The work and personality of Walther Nernst », 1942.

120. W. Nernst, conclusion du congrès sur *La théorie du rayonnement...*, *op. cit.*

121. P.-S. de Laplace, *Exposition du système du monde*, 1796.

122. **Rayon gravitationnel**. Pour qu'un projectile de masse μ arrive tout juste à s'échapper de l'attraction d'une sphère de rayon r et de masse m, son énergie cinétique $\frac{1}{2}\mu\upsilon^2$ doit être égale à son énergie potentielle $G\mu m/r$, où G est la constante de gravitation ; on obtient une *vitesse de libération* égale à $(2Gm/r)^{1/2}$. En l'égalant à la vitesse c de la lumière, on en tire un rayon r_g, dit gravitationnel, qui est égal à $2Gm/c^2$; ce rayon, exprimé en kilomètres, vaut environ trois fois la masse exprimée en masses solaires (1 masse solaire $\approx 2 \times 10^{30}$ kg). Exprimé en fonction de l'accélération a entre les deux masses μ et m, le rayon gravitationnel est égal à $c^2/2a$ (à rapprocher de la note 47).

Le terme « trou noir » remplace à présent les anciennes dénominations de « corps obscur » ou d'« astre occlus ».

123. **Corps noir (suite)**. Détaillons un peu ce calcul. Prenons un oscillateur harmonique d'amplitude A et de fréquence ν. Aux extrémités de son élongation $\pm A$, il atteint son accélération maximale $a_M = 4\pi^2 A\nu^2$. Notre oscillateur, situé à la distance d, va donc être soustrait de notre vue quand son accélération dépassera c^2/d. (Un calcul d'ordre de grandeur montre que, pour $T \approx 1000$ K et $\nu \approx 10^{14}$ Hz, on a $d \approx 1$ mm.) Or c'est aux maxima d'amplitude que la bouffée de radiation est émise ; elle restera donc confinée tant que l'horizon ne se sera pas élargi assez pour contenir l'observateur.

Tous les oscillateurs de fréquence ν ne vibrent pas avec la même amplitude, donc la même énergie et la même accélération maximale. Il en existe n_0, d'énergie moyenne $\langle E_0 \rangle$, qui contiennent l'observateur dans leur horizon. Mais les n_1 plus énergiques, d'énergie moyenne $\langle E_1 \rangle$, se retranchent derrière leur horizon le temps de la bouffée d'émission. On peut alors représenter le système comme possédant deux niveaux d'énergie départagés par le seuil ε. Quand un oscillateur du niveau supérieur retombe au niveau inférieur, il en résulte une émission d'énergie $\langle E_1 \rangle - \langle E_0 \rangle$. Et, pour n_1 oscillateurs, on obtient une énergie moyenne : $n_1(\langle E_1 \rangle - \langle E_0 \rangle) = kT - \langle E_0 \rangle$; en posant $\varepsilon = h\nu$, on retrouve l'énergie moyenne retenue par Planck pour chaque mode de sa distribution (relation ④ de la note 117). Ainsi la discrétisation de l'énergie est remplacée par un seuil, comme dans la tentative de Nernst, mais avec une définition des deux niveaux beaucoup plus évidente (J. Perdijon, *Annales de la fondation Louis de Broglie*, 2009).

124. **Effet photoélectrique (suite)**. Considérons d'abord la plaque de métal placée dans l'obscurité (voir note 70) : les électrons à sa surface vont se comporter comme dans un corps noir et on a vu (note 123) que, du fait de l'horizon, seuls sont actifs ceux dont l'énergie est supérieure à un certain seuil $h\nu$. Lorsqu'un faisceau lumineux frappe le métal, tous les électrons se mettent à vibrer à la même fréquence de la lumière incidente par résonance, ce qui fixe le seuil $h\nu$ d'activité des électrons. Si celui-ci est supérieur au travail d'extraction w_0, l'électron s'échappe avec une énergie cinétique $h\nu - w_0$ (J. Perdijon, *Annales de la fondation Louis de Broglie*, 2012).

125. **Ondes de matière (suite)**. Soit une particule de masse au repos m_0 et de vitesse $\upsilon = \beta c$ ($0 \leq \beta \leq 1$). Le rapprochement $m_0c^2 = h\nu$ des expressions relativiste et quantique de son énergie conduit à une longueur d'onde $\lambda = \upsilon/\nu = h\beta/m_0c = h/m_0\upsilon = h/p$ (voir note 77).

126. J. Rowland, *Understanding the Atom*, 1938.

127. Invention de H. G. Wells dans *The First Men in the Moon* (1901).

128. **Atome de Bohr (suite)**. On sait en effet que, pour un mouvement de rotation uniforme, l'accélération centripète est égale à υ^2/R, où υ est la vitesse et R le rayon, d'où une distance d'horizon $d = R(c/\upsilon)^2$ (voir notes 25 et 47).

129. **Matière noire**. Oort fut le premier à remarquer en 1932 une anomalie en observant le mouvement d'étoiles proches du Soleil, qui oscillent perpendiculairement au plan du disque galactique. Cherchant à en déduire par les lois de Newton la masse de notre Galaxie, il constata que cette masse est deux fois plus grande que celle qu'on obtient en ajoutant les masses de toutes les étoiles visibles. C'est Zwicky qui posa clairement le problème de la masse manquante l'année suivante

(F. Zwicky, « Le décalage vers le rouge des nébuleuses extragalactiques », 1933). Si certaines galaxies sont isolées, d'autres se regroupent en amas de plusieurs centaines de galaxies. Qu'elles soient isolées ou non, toutes les galaxies participent au mouvement d'expansion universelle décrit par la loi de Hubble. Mais celles des amas ont en plus un mouvement gravitationnel engendré par la matière qui se trouve à l'intérieur de l'amas lui-même. Étudiant les mouvements des galaxies dans l'amas de Coma situé à environ 400 millions d'années-lumière, Zwicky remarqua que les vitesses d'agitation impliquaient une masse totale de l'amas beaucoup plus importante que celle apportée par les seules étoiles ; il en déduisit la présence d'une énorme masse invisible.

Cette « matière non lumineuse internébulaire » est devenue la fameuse « matière noire », introuvable depuis près d'un siècle. Le même raisonnement que celui appliqué aux électrons atomiques (voir note 128) pourrait fournir une explication : un objet céleste faiblement accéléré s'enferme dans une bulle très grande, mais il suffit que sa distance soit encore plus grande pour que nous soyons en dehors de la bulle, ce qui nous empêche de recevoir le rayonnement qu'il émet (J. Perdijon, *La matière noire : substance exotique ou effet relativiste ?*, 2015).

130. A. Einstein, « On the generalized theory of gravitation », 1951.

131. **Neutron**. L'énergie de liaison d'un noyau est égale à la somme des masses de ses nucléons moins la masse réelle du noyau. Quand on calcule cette énergie par nucléon pour des noyaux de plus en plus lourds, on obtient une valeur croissante, avec un maximum pour le fer, et décroissante ensuite. La cassure d'un noyau lourd (comme celui de l'uranium) en deux noyaux plus légers libère cette énergie de *fission*.

Le neutron a été découvert par Chadwick en 1932. Dès octobre 1933, Szilard pressentit le danger. Il nota : « On obtiendrait une réaction en chaîne, si on pouvait découvrir un élément susceptible de rejeter deux neutrons après en avoir absorbé un. » Il pensa d'abord au béryllium, puis à d'autres corps, dont l'uranium, et il s'adressa en 1935 à plusieurs atomistes pour leur demander de renoncer, au moins provisoirement, à publier le résultat de leurs travaux. Sa proposition essuya un refus général.

132. A. Einstein, déclaration à la presse, 1934.

133. Langevin, cité dans R. Jungk, *Plus clair que mille soleils*, 1954.

134. Les armées de Mussolini envahirent l'Éthiopie en octobre 1935, sans même avoir déclaré la guerre.

135. Citation non certifiée, aussi attribuée (sous une autre forme) à von Neumann.

136. A. Huxley, *Brave New World*, 1932.

137. Le visiteur aurait pu représenter ainsi le *domaine du possible* humain – en physique, en métaphysique, en politique –, avec son au-delà merveilleux qui s'étend à l'infini :

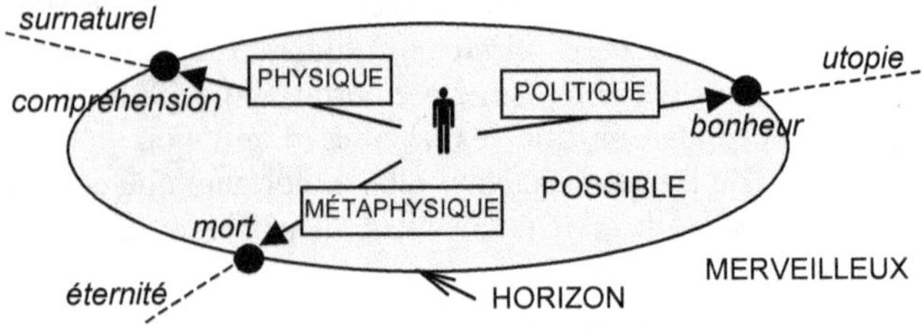

138. C'est après les premiers tests EPR, confirmant l'intrication (voir note 98), que se sont développées des tentatives de réenchantement du monde, mêlant physique et métaphysique, esprit et matière, et redéfinissant la réalité et ses niveaux, pour tenir compte du rôle de l'amour dans l'Univers (colloque de Cordoue en 1979). Bohm, dans *Unfolding Meaning* (1987), considère par exemple que le sentiment serait plus profond que la raison et va jusqu'à penser que l'être humain pourrait entrer par ce moyen quantique en contact direct avec une mystérieuse « énergie cosmique » ! Une raison de plus pour penser que, comme précédemment celui de von Neumann, le théorème de Bell est faux ?

139. Hugo, *Le Promontoire du songe*, 1901.

140. **Charge électrique**. La structure granulaire de l'électricité a été établie par la fameuse expérience de Millikan en 1911 : il fit tomber entre les plaques d'un condensateur de fines gouttelettes d'huile, qui se chargeaient sous l'influence de rayons X. Il remarqua que la brutale accélération d'une goutte dans le champ électrique correspondait à une certaine variation de charge e ou à un multiple de e ; la charge était donc quantifiée, avec une charge élémentaire égale à e. Mais il n'existe pas de charge sans support matériel ; il faut donc considérer le comportement de particules chargées, essentiellement des électrons ou des protons qui, bien que de masses très différentes, portent la même charge, au signe près.

141. Dostoïevski, *Les frères Karamasov*, 1880.

142. **Paradoxe d'Olbers**. « La cause principale de la nuit est l'absence du soleil », nous explique Shakespeare dans *As you like it* (1603). Mais si les étoiles sont comme les arbres d'une forêt, le noir du ciel oblige à admettre que l'Univers ne s'étend pas à l'infini. Une constatation banale peut conduire à une conclusion surprenante.

143. A. Einstein, « The origins of the general theory of relativity », 1933.

144. P. d'Holbach, *Système de la nature*, 1770.

145. A. Einstein, interview par George Viereck, 1930.

146. A. Einstein, « Sur la vérité scientifique », 1929.

147. Paul Ehrenfest naquit à Vienne en 1880. D'origine juive, il perdit la foi religieuse vers l'âge de douze ans. Il prépara sa thèse avec Boltzmann et obtint son doctorat en 1904. Il se maria avec une mathématicienne russe et s'établit à Saint-Petersbourg. Puis il fut invité à occuper la chaire de Lorentz à Leyde. Sa très grande honnêteté faisait qu'il était apprécié de ses collègues, qui le tenaient pour « la conscience de la physique » (Langevin). Il se suicida en 1933, après avoir tué son fils trisomique qui risquait d'être victime de l'eugénisme nazi.

148. A. Einstein, « À la mémoire de Paul Ehrenfest », 1934.

149. Voir p. 17.

150. Berlioz, lettre à la princesse Caroline Sayn-Wittgenstein, 1867.

151. Nietzsche, *Par-delà…*, *op. cit.*

152. Épicure, *Lettre à Ménécée*, 265 av. J.-C.

153. A. Einstein, « Réflexions sur la crise économique mondiale », 1930.

154. A. Einstein, « Why socialism ? », 1949.

155. A. Einstein, lettre à Sigmund Freud, 1932.

156. Soixante ans plus tard, un nouveau pas a été franchi avec l'invention des réseaux sociaux.

157. Après l'assassinat de Kirov en décembre 1934, Staline déclencha les grandes purges, qui aboutirent aux célèbres procès de Moscou.

Même un système simple, avec peu de degrés de liberté, est capable d'évoluer de façon chaotique (voir note 58). Lorsque le nombre de degrés augmente considérablement, il faut recourir à des méthodes statistiques pour décrire le comportement du système (mécanique statistique). Cette liberté mécanique peut prendre une dimension morale quand les liaisons entre les corps du système deviennent suffisamment complexes pour que se manifeste une certaine volonté : c'est l'objet des recherches en *intelligence artificielle*. Cependant, lorsque les liaisons l'emportent sur les corps et la finalité sur la liberté, on obtient un système totalitaire.

158. A. Einstein, « Comment je vois le monde », 1930.

159. A. Einstein, déclaration à la presse, 1933.

160. Baudelaire, *Fusées*, 1851.

161. Chimiste allemand, Fritz Haber a mis au point (avec l'aide de Nernst) les premières armes chimiques, expérimentées aux environs d'Ypres en avril 1915. D'origine juive, il fut contraint à l'exil en 1933 et mourut l'année suivante.

GLOSSAIRE

Accélération : *vecteur* égal à la variation de la *vitesse* par unité de *temps*.

Annihilation : disparition d'une *particule* avec son *antiparticule*, avec production généralement de deux *rayons gamma* partant en sens opposés.

Antiparticule : voir *annihilation.*

Atome : constituant d'une *molécule.*

Champ (de *forces*) : région de l'*espace* où la *force* exercée en chaque *point* sur un *corps* d'épreuve se déduit de celle constatée pour une *position* immédiatement voisine et un *temps* immédiatement antérieur.

Chaos : comportement de certains *systèmes* dynamiques régis par des équations différentielles non linéaires, dont les solutions sont très sensibles aux conditions initiales.

Charge (électrique, unité : le coulomb, C) : *grandeur* de certains *corps* qui créent un *champ* attractif ou répulsif, dit électrique ; s'ils sont en *mouvement*, ils créent aussi un *champ* magnétique qui, associé au précédent, donne un *champ* électromagnétique.

Charge élémentaire : $e = 1{,}6.10^{-19}$ C.

Complémentarité : en *théorie quantique*, comportement d'un objet qui présente à la fois les aspects d'une *particule* et d'une *onde*, l'un ou l'autre étant mis en évidence selon le type d'*instrument* utilisé pour la détection.

Cône de lumière : ensemble des *événements* en relation causale avec un *événement* donné.

Constante de Boltzmann : $k = 1{,}4.10^{-23}$ J/K.

Constante de gravitation : $G = 6{,}7.10^{-11}$ Nm^2/kg^2.

Constante de Planck : $h = 6{,}6.10^{-34}$ J.s.

Contraction des longueurs : mesuré dans un *référentiel* en *mouvement* par rapport à lui, un objet a une *longueur* plus courte ; cette *contraction* relativiste s'accompagne d'une *dilatation des durées*.

Corps : objet matériel.

Corps noir : *corps* qui absorbe tous les *rayonnements* qu'il reçoit ; une bonne approximation en est donné par la cavité d'un four.
Corpuscule : voir *particule*.
Corrélation : liaison entre deux *grandeurs*.
Courbure (de l'*espace-temps*) : déformation de l'*espace-temps* en présence de matière.
Création de paire : *phénomène* inverse de l'*annihilation*.

Degrés de liberté : variables nécessaires pour la détermination complète de l'état d'un *système*.
Désintégration (radioactive) : modification du *noyau* avec émission de *particules* et/ou de *rayonnement*.
Diffraction : modification de la *propagation* d'une *onde* au voisinage d'un obstacle.
Diffusion : extension de la région d'*espace* affectée par un *phénomène*.
Dilatation des durées : voir *contraction des longueurs*.
Distance : voir *longueur*.
Durée (unité : la seconde, s) : intervalle de *temps*.

Effet Compton : modification de la *fréquence* d'un *rayonnement* après *diffusion* par un *électron*.
Effet Doppler : modification apparente de la *fréquence* due au *mouvement* de la source par rapport à l'*observateur*.
Effet photoélectrique : émission d'*électrons* par un métal recevant un *rayonnement*.
Électron : *particule* de *masse* $m_e = 0{,}91.10^{-30}$ kg, portant une *charge élémentaire* négative.
Électron-volt : 1 eV = $1{,}6.10^{-19}$ J ; 1 MeV = 10^6 eV.
Énergie (unité : le joule, J) : *grandeur* d'un *système* exprimant sa capacité à fournir du *travail*.
Énergie cinétique : *énergie* d'un *système* du fait de la *vitesse* de ses éléments.
Énergie de masse : *énergie* égale au produit de la *masse* par le carré de la *vitesse de la lumière*.
Entropie : fonction caractérisant l'état de désordre d'un *système*.
Équation d'onde (de Schrödinger) : en *théorie quantique*, équation vérifiée par la *fonction d'onde*.
Espace : ensemble des *positions* qui peuvent être occupées par un *corps*.
Espace-temps : ensemble des *événements*.
Événement : défini par la *position* et le *temps*.

Fission : partition d'un *noyau* sous l'impact d'un *neutron*.

Fonction d'onde : en *théorie quantique*, fonction de la *position* et du *temps* qui décrit l'état d'une *particule* et permet de calculer sa *probabilité* de présence en un *point* ; elle vérifie l'*équation d'onde*.

Force (unité : le newton, N) : *vecteur* dont l'action modifie l'état de repos ou le *mouvement* d'un *système* ; il est égal à la variation de la *quantité de mouvement* du *système* par unité de *temps*, d'où une définition de la *masse* dite inerte.

Fréquence (unité : le hertz, Hz) : nombre de *périodes* par unité de *temps*.

Grandeur : attribut d'un *corps* ou d'un *phénomène*.

Gravitation : *force* attractive s'exerçant entre deux *particules*, égale au produit de leurs *masses* par la *constante de gravitation*, divisé par le carré de leur *distance*.

Horizon : limite de la région d'*espace-temps* qui est accessible à l'*observateur*.

Hydrogène : *corps* pur dont les *noyaux* sont formés d'un seul *proton*.

Instrument (de *mesure*) : aide à l'*observateur* pour une *mesure* du *phénomène*.

Interférence : superposition de deux *ondes* de même *fréquence*.

Intervalle (entre deux *événements*) : dans un *espace-temps* plat, le carré de cet *intervalle* est égal au carré de la *distance* séparant les *positions* des *événements*, moins le carré du produit de la *vitesse de la lumière* par la *durée* écoulée entre leurs *temps* respectifs.

Longueur (ou *distance* entre deux *points*, unité : le mètre, m) : indication de la règle rigide placée en coïncidence avec les deux *points*.

Longueur d'onde : *distance* de *propagation* d'une *onde* pendant une *période* ; elle est égale à la *vitesse* de *propagation* divisée par la *fréquence*.

Masse (unité : le kilogramme, kg) : on distingue la *masse* pesante, *grandeur* exprimant la capacité d'un *corps* à créer un *champ* de *gravitation*, et la *masse* inerte (voir *force*) ; d'après le *principe d'équivalence*, elles sont égales.

Mesure : comparaison d'une *grandeur* avec une autre connue, de même espèce.

Molécule : plus petite parcelle d'un *corps* pur.

Moment (d'un *vecteur* par rapport à un *point*) : *vecteur* dont le module est égal à celui du *vecteur* considéré multiplié par la *distance* du *point* à ce *vecteur* ; si le *vecteur* considéré est une *force* appliquée à un *système*, l'action de son *moment* fait tourner le *système*.

Moment cinétique : *moment* des *quantités de mouvement* d'un *système.*

Moment magnétique : *moment* dont l'action oriente un *système* parallèlement à un *champ* magnétique.

Mouvement : modification de la *position.*

Neutron : *nucléon* ne portant pas de *charge.*

Non-séparabilité (ou intrication) : en *théorie quantique*, abandon de l'idée de localité pour les *phénomènes* de façon à rendre compte des *tests EPR.*

Noyau : cœur de l'*atome* où la *masse* est concentrée et autour duquel tournent les *électrons.*

Nucléon : *particule* constituante du *noyau* (*neutron* ou *proton*).

Observateur : *système* permettant de noter la valeur de certaines *grandeurs* attribuées à un *événement* donné.

Onde : *vibration* à l'intérieur d'un *champ.*

Onde de matière : *onde* associée à toute *particule* en *mouvement*, dont la *longueur d'onde* est égale à la *constante de Planck* divisée par la *quantité de mouvement.*

Onde électromagnétique : *onde* dont la *propagation* se fait dans un *champ* électromagnétique.

Oscillateur : *système* en *vibration.*

Particule (matérielle, ou *corpuscule*) : très petit *corps.* Les *particules* alpha sont des *noyaux* d'hélium, les *particules* bêta des *électrons.*

Période : *durée* la plus courte au bout de laquelle le *système* se retrouve dans le même état de *vibration.*

Phénomène : objet de l'*observateur* formé d'au moins deux *corps* en interaction.

Photon : en *théorie quantique*, *particule* immatérielle associée à une *onde électromagnétique.*

Physicien : *observateur* essayant de mettre un peu d'ordre dans ses notes.

Point : élément d'*espace.*

Polarisation : orientation privilégiée de la *vibration.* L'*énergie* après *polarisation* est fournie par la loi de Malus.

Position (d'un *point*) : définie par trois coordonnées dans un *référentiel.*

Positon : *antiparticule* de l'*électron*, de même *masse* mais de *charge* opposée.

Principe de relativité : toutes les lois de la nature doivent être les mêmes pour tous les *observateurs.*

Principe d'équivalence : aucune expérience ne peut distinguer un *référentiel* subissant une *accélération* d'un autre soumis à un *champ* de *gravitation.*

Probabilité (d'un *événement*) : rapport du nombre de cas favorables à la réalisation de l'*événement* au nombre des cas possibles.

Propagation : *mouvement* d'une *onde.*

Proton : *nucléon* portant une *charge élémentaire* positive.

Quantité de mouvement : *vecteur* d'un *système* égal au produit de la *masse* par la *vitesse.*

Quantum : quantité élémentaire d'une *grandeur.* En *théorie quantique,* quantité non dissociable d'*énergie* qui intervient dans tout échange d'*énergie* entre un *corps* et un *rayonnement* ; elle est égale au produit de la *fréquence* par la *constante de Planck.*

Rayon gravitationnel (ou rayon de Schwarzschild) : *distance* d'*horizon* d'un *trou noir* ; il est égal à deux fois le produit de la *masse* par la *constante de gravitation,* divisé par le carré de la *vitesse de la lumière.*

Rayonnement (électromagnétique, ou lumière) : *ondes électromagnétiques* émises par une *particule* portant une *charge* et soumise à une *accélération,* ou encore lors d'un *saut électronique* ou d'une *désintégration.*

Rayons gamma, rayons X : *rayonnements* de très haute *fréquence.*

Réduction du paquet d'ondes : en *théorie quantique,* passage d'un état superposé, où la valeur des *grandeurs* physiques n'est pas définie, à un état interprétable classiquement.

Référentiel : *système* de coordonnées permettant de repérer la *position* d'un *point* dans l'*espace.*

Relation d'incertitude : en *théorie quantique,* deux *grandeurs* conjuguées d'une *particule,* telles que sa *position* et sa *quantité de mouvement,* ou encore son *énergie* et la *durée* de la *mesure,* ne peuvent être déterminées qu'avec des incertitudes dont le produit est au moins égal à la *constante de Planck* divisée par 2π.

Saut électronique : passage d'un *électron* d'un niveau d'*énergie* à un autre à l'intérieur d'un *atome.*

Spectre : répartition de l'*énergie* d'un *rayonnement* en fonction de la *fréquence* ; le *spectre* peut être continu ou présenter des raies.

Spin : propriété d'une *particule* à l'origine de ses *moments cinétique* et *magnétique* propres.

Système : ensemble plus ou moins indépendant et plus ou moins complexe de *corps.*

Température (absolue, unité : le kelvin, K) : *grandeur* mesurant l'agitation des *molécules* d'un *corps* ; l'*énergie* correspondante est égale au produit de la *température* par la *constante de Boltzmann.* 0 K = –273 °C.

Temps (d'un *événement*) : indication de l'horloge immédiatement voisine de l'*événement.*

Tenseur : extension de la notion de *vecteur* ; il est de rang *k* s'il possède n^k composantes dans un espace à *n* dimensions.

Test EPR : expérience pour tester l'argument d'Einstein, Podolsky et Rosen ; son résultat est expliqué par la *non-séparabilité.*

Théorie de la relativité : théorie appliquant le *principe de relativité.* La *relativité* générale rend compte de la *gravitation* par une *courbure* de l'*espace-temps.*

Théorie du *big bang* : théorie selon laquelle l'*espace-temps* de l'*Univers* serait en expansion, conformément à la *théorie de la relativité* générale.

Théorie électromagnétique : théorie rendant compte des *phénomènes* magnétiques, électriques et optiques.

Théorie (ou mécanique) **quantique** : théorie rendant compte des *phénomènes* atomiques et nucléaires.

Trajectoire : succession dans le *temps* des *positions* occupées par une *particule* en *mouvement.*

Travail : *énergie* égale au déplacement multiplié par la composante de la *force* suivant le déplacement.

Trou noir : région d'*espace-temps* où le *champ* de *gravitation* est si élevé qu'il n'en sort ni matière ni *rayonnement.*

Ultraviolet : *rayonnement* de *fréquence* juste supérieure à celle du *rayonnement visible.*

Univers : le seul *système* parfaitement isolé.

Vecteur : *grandeur* caractérisée par son module et son orientation.

Vibration : *mouvement* d'un *système* au voisinage de sa *position* d'équilibre stable.

Vide : ce qui reste dans une enceinte quand on en a retiré matière et *rayonnement.*

Visible : *rayonnement* de *fréquence* comprise entre 4 et 8.10^{14} Hz.

Vitesse : *vecteur* égal à la variation de *position* par unité de *temps* ; pour une rotation, on considère la variation angulaire.

Vitesse de la lumière (dans le *vide*) : *vitesse* limite $c = 3.10^8$ m/s.

BIBLIOGRAPHIE

Balibar, F., *Einstein, la joie de la pensée*, Gallimard, 1993.

Ball, P., *Quantique : au-delà de l'étrange*, EDP Sciences, 2019.

Bell, J. S., *Speakable and Unspeakable in Quantum Mechanics*, Cambridge University Press, 2011.

Biezunski, M., *Histoire de la physique moderne*, La Découverte, 1993.

Brian, D., *Einstein*, Robert Laffont, 1997.

Broglie, L. de, *Matière et lumière*, Albin Michel, 1937.

La physique nouvelle et les quanta, Flammarion, 1937.

Continu et discontinu en physique moderne, Albin Michel, 1941.

Nouvelles perspectives en microphysique, Albin Michel, 1956.

Les incertitudes d'Heisenberg et l'interprétation probabiliste de la mécanique ondulatoire, Gauthier-Villars, 1982.

Buscaglia, M., Lalive d'Épinay, C., Morel, B., Ruegg, H. et Vonèche, J. (éds.), *Les critères de vérité dans la recherche scientifique*, Maloine, 1983.

Cohen-Tannoudji, C., Diu, B. et Laloë, F., *Mécanique quantique* (2 tomes), Hermann, 1977-1986.

Damour, T., *Si Einstein m'était conté*, Le Cherche midi, 2005.

Dirac, P. A. M., *Les principes de la mécanique quantique*, Presses universitaires de France, 1931.

Einstein, A., *La relativité*, Gauthier-Villars, 1956.

Comment je vois le monde, Flammarion, 1934.

Conceptions scientifiques, Flammarion, 1990.

Œuvres choisies (6 tomes), Seuil et CNRS, 1989-1993.

Correspondance avec Michele Besso, Hermann, 1979.

Einstein, A. et Born, M., *Correspondance*, Seuil, 1972.

Einstein, A. et Infeld, L., *L'évolution des idées en physique*, Flammarion, 1938.

Espagnat, B. d', *À la recherche du réel*, Gauthier-Villars, 1979.

Frank, P., *Einstein, sa vie, son temps*, Albin Michel, 1968.

Gamow, G., *Trente années qui ébranlèrent la physique*, Dunod, 1968.

Gondran, A. et Gondran M., *Mécanique quantique*, Éditions Matériologiques, 2014.
Halpern, P., *Le dé d'Einstein et le chat de Schrödinger*, Dunod, 2016.
Haroche, S., *La lumière révélée*, Odile Jacob, 2020.
Heilbron, J., *Planck, une conscience déchirée*, Belin, 1988.
Heisenberg, W., *La nature dans la physique contemporaine*, Gallimard, 1962.
La partie et le tout, Flammarion, 2010.
Hoffmann, B., *Albert Einstein, créateur et rebelle*, Seuil, 1975.
Hoffmann, B. et Paty, M., *L'étrange histoire des quanta*, Seuil, 1981.
Holton, G., *L'imagination scientifique*, Gallimard, 1981.
Kuhn, T., *Black-Body Theory and the Quantum Discontinuity, 1894-1912*, University of Chicago Press, 1978.
Kumar, M., *Le grand roman de la physique quantique*, Flammarion, 2012.
Laloë, F., *Comprenons-nous vraiment la mécanique quantique ?*, EDP Sciences, 2018.
Lambert, F. et Berends, F., *Vous avez dit : sabbat de sorcières ?*, EDP Sciences, 2019.
Landau, L. et Lifchitz, E., *Mécanique quantique*, Mir, 1966.
Langevin, P. et Broglie, M. de (éds.), *La théorie du rayonnement et les quanta*, Gauthier-Villars, 1912.
Lochak, G., *12 clés pour la physique*, Augustin Fresnel et Radio-France, 1982.
Nikseresht, I., *Physique quantique*, Ellipses, 2005.
Ortoli, S. et Pharabod, J.-P., *Le cantique des quantiques*, La Découverte, 1984.
Pais, A., *Albert Einstein, la vie et l'œuvre*, InterEditions, 1993.
Paty, M., *Einstein philosophe*, Presses universitaires de France, 1993.
Perdijon, J., *Relation d'incertitudes*, Presses universitaires de Grenoble, 1991.
Einstein, la relativité et les quanta, L'Harmattan, 2005.
Le quantique : un paradoxe de la relativité ?, DésIris, 2014.
Pharabod, J.-P. et Klein, G., *Heurs et malheurs de la physique quantique*, Odile Jacob, 2017.
Planck, M., *Initiations à la physique*, Flammarion, 1941.
Autobiographie scientifique, Albin Michel, 1960.
Robinson, A., *Albert Einstein, l'homme et le génie*, Place des Victoires, 2015.
Selleri, F., *Le grand débat de la théorie quantique*, Flammarion, 1986.
Smolin, L., *La révolution inachevée d'Einstein*, Dunod, 2019.
Sugimoto, K., *Albert Einstein, biographie illustrée*, Belin, 1990.

INDEX

N

O

P

Q

R

Z

TABLE DES MATIÈRES

Structures éditoriales du groupe L'Harmattan

L'Harmattan Italie
Via degli Artisti, 15
10124 Torino
harmattan.italia@gmail.com

L'Harmattan Hongrie
Kossuth l. u. 14-16.
1053 Budapest
harmattan@harmattan.hu

L'Harmattan Sénégal
10 VDN en face Mermoz
BP 45034 Dakar-Fann
senharmattan@gmail.com

L'Harmattan Cameroun
TSINGA/FECAFOOT
BP 11486 Yaoundé
inkoukam@gmail.com

L'Harmattan Burkina Faso
Achille Somé – tengnule@hotmail.fr

L'Harmattan Guinée
Almamya, rue KA 028 OKB Agency
BP 3470 Conakry
harmattanguinee@yahoo.fr

L'Harmattan RDC
185, avenue Nyangwe
Commune de Lingwala – Kinshasa
matangilamusadila@yahoo.fr

L'Harmattan Congo
67, boulevard Denis-Sassou-N'Guesso
BP 2874 Brazzaville
harmattan.congo@yahoo.fr

L'Harmattan Mali
ACI 2000 - Immeuble Mgr Jean Marie Cisse
Bureau 10
BP 145 Bamako-Mali
mali@harmattan.fr

L'Harmattan Togo
Djidjole – Lomé
Maison Amela
face EPP BATOME
ddamela@aol.com

L'Harmattan Côte d'Ivoire
Résidence Karl – Cité des Arts
Abidjan-Cocody
03 BP 1588 Abidjan
espace_harmattan.ci@hotmail.fr

Nos librairies en France

Librairie internationale
16, rue des Écoles
75005 Paris
librairie.internationale@harmattan.fr
01 40 46 79 11
www.librairieharmattan.com

Librairie des savoirs
21, rue des Écoles
75005 Paris
librairie.sh@harmattan.fr
01 46 34 13 71
www.librairieharmattansh.com

Librairie Le Lucernaire
53, rue Notre-Dame-des-Champs
75006 Paris
librairie@lucernaire.fr
01 42 22 67 13

www.ingramcontent.com/pod-product-compliance
Lightning Source LLC
LaVergne TN
LVHW021230061026
849535LV00008B/3009